上海市堤防（泵闸）设施管理处
上海市政工程设计研究总院(集团)有限公司　组编

上海市黄浦江和苏州河堤防设施日常维修养护技术指导工作手册

主　编　胡　欣
副主编　田爱平　张月运
　　　　张健明　叶茂盛

U0305207

同济大学 出版社
TONGJI UNIVERSITY PRESS

内 容 提 要

本书总结了上海市黄浦江和苏州河堤防设施的日常维修养护工作方法和实践经验，并经过上海市防汛指挥办公室、上海市各区防汛设施管理部门、堤防设施相关设计、施工、监理等单位的有关专家的多次评审修改完成。内容包括堤防构筑物墙体的损坏、裂缝、变形缝、渗漏的维修养护，以及护坡、防汛闸门、潮闸门、防汛通道等其他防汛设施损坏的维修养护。

本书的编制完成使得上海市堤防设施的日常维修养护技术形成了一整套完整的技术工作体系，对上海市黄浦江和苏州河堤防设施的维修养护具有一定的指导意义。内河堤防设施的日常养护维修亦可参考使用。

本书读者以上海市堤防设施的日常养护维修一线工作者为主。

图书在版编目(CIP)数据

上海市黄浦江和苏州河堤防设施日常维修养护技术指导工作手册/胡欣主编. --上海：同济大学出版社，2014.11

ISBN 978-7-5608-5633-9

Ⅰ.①上… Ⅱ.①胡… Ⅲ.①河流—堤防—工程设施—维修—上海市—手册 ②河流—堤防—工程设施—养护—上海市—手册 Ⅳ.①TV871.2-62

中国版本图书馆 CIP 数据核字(2014)第 215593 号

上海市黄浦江和苏州河堤防设施
日常维修养护技术指导工作手册
主　编　胡　欣
副主编　田爱平　张月运　张健明　叶茂盛
责任编辑　李小敏　　责任校对　徐春莲　　封面设计　潘向蓁

出版发行　同济大学出版社　　www.tongjipress.com.cn
　　　　　(地址：上海市四平路 1239 号　邮编：200092　电话：021-65985622)
经　　销　全国各地新华书店
印　　刷　凯基印刷(上海)有限公司
开　　本　850mm×1168mm　1/32
印　　张　5.375
字　　数　144 000
版　　次　2014 年 11 月第 1 版　　2014 年 11 月第 1 次印刷
书　　号　ISBN 978-7-5608-5633-9
定　　价　40.00 元

编　委　会

前　言

改革开放 30 多年以来，随着经济实力的不断增强，上海市堤防工程的建设也有了很大的提高和发展。目前，上海市黄浦江、苏州河一线防汛(洪)屏障已完成封闭，对上海市的发展和城市安全发挥了极其重要的作用。与此同时，我们在堤防设施的日常维修养护工作中也积累了一定的经验。

为了总结推广这些经验，进一步加强并完善堤防工程管理工作，确保堤防设施安全，我们编写了《上海市黄浦江和苏州河堤防日常维修养护技术指导工作手册》(以下简称《手册》)。出于保证《手册》编制质量，在编写过程中我们先后邀请了市防汛办、区防汛设施管理部门及设计、施工、监理等单位的有关专家进行了评审，并根据专家评审意见修改完善。

本《手册》内容着重于上海市黄浦江、苏州河堤防设施的日常维修养护工作，力求通俗易懂、使用方便。本《手册》的编制使堤防设施的日常维修养护技术形成了一整套完整的技术工作体系，对上海市黄浦江和苏州河堤防设施的维修养护具有一定的指导意义。内河堤防设施的日常养护维修也可参考使用。

近年来，上海市堤防建设为适应城市多功能开发的需要，堤防工程的结构型式也随之有了创新，如"三墙合一"结构、翻板式防汛(通道)闸门、组合式多功能防汛墙等新型结构。由于这些堤防结构目前仅在特定的岸段刚开始尝试，存在的问题尚未暴露，为此，对于此类新型堤防结构可能出现的问题及相应的维护对策暂未列入本《手册》中，今后根据运用情况，在修订版中补充完善。

由于堤防设施日常维修养护工作涉及面广,内容繁杂,相关的编制工作量较大,难免还有错漏之处,敬请读者指正。

借此,对参加本书编制和审定工作的专家,以及为此作出贡献的有关单位表示衷心感谢!

编者

2014 年 8 月

目　录

第1章

概　述

　　上海市黄浦江和苏州河堤防工程主要由钢筋混凝土与砌石结构以及连接堤防的防汛钢闸门组成。目前，黄浦江两岸（包括各支河口至水闸）已形成从吴淞口至江、浙地界的封闭防线。在防御风、暴、潮、洪四大灾害，确保城市的正常运行和人民生命财产的安全等方面发挥了巨大作用。

　　上海市黄浦江和苏州河堤防的工程建设经历了 50 余年的建设周期，工程标准不断提高，构筑材料、型式和技术也不断改进，但其中改建工程占了较大的比例，特别是黄浦江下游岸段，其堤防结构情况比较复杂。已建堤防设施在复杂的自然条件影响及各种外力作用下，其状态随时都在变化，如由于结构的可靠性、耐久性不足以及船只违规行驶、靠泊等，都很容易发生这样或那样的缺陷。而在管理运用中如不及时进行养护维修，缺陷便将逐渐发展，影响堤防设施的安全运行，严重的甚至会导致事故。实践表明，近几年的堤防巡查，对堤防上出现的一些问题，由于及时采取了养护维修措施，从而保证了工程设施的正常运行。因此，为确保堤防工程的安全和完整，充分发挥并扩大堤防工程效益，延长工程使用寿命，必须认真做好养护维修工作。

　　做好堤防设施的养护维修工作，首先应详细了解工程情况。在工程施工阶段，相关管理部门即应派员跟踪施工过程；工程竣工时，要严格履行必要的验收交接手续，设计、施工单位应将勘测、设计、监测和施工资料，一并移交给管理单位；管理单位根据工程具体情况制定相应的堤防养护维修规章制度,并认真贯彻执行。

堤防设施的养护维修,必须本着以养护为主,养重于修、修重于抢的原则,首先做好养护工作,防止险情的发生和发展。

当堤防设施发生缺陷后,要及时进行维修。小坏小修,随坏随修,防止缺陷扩大。

堤防设施的养护维修,一般不影响堤防结构本身的稳定与安全。为此,在制定维修方案时,须与堤防巡视检查结果相结合,因地制宜,多快好省,力求经济有效。对于较大规模的维修或涉及堤防主体结构的改动,根据情况,报请上级相关部门交由专业的设计、施工单位负责进行。

堤防设施一旦发生险情,应在上级主管部门的领导下,立即进行抢修维护(以下简称"抢护"),但要慎重研究抢护措施,防止因措施不当而加重险情或增加后续施工的难度。

堤防设施一般每隔 15 年左右,应由上级主管部门组织设计、施工、勘察和有关单位进行一次全面的大检查(安全鉴定),包括工程运行现状和河势变化、墙后工况变化等情况,并针对检查中发现的问题,及时采取措施予以解决。

根据《上海市黄浦江防汛墙安全鉴定暂行办法》第二十一条规定,防汛墙安全评价类别划分为四类:一类防汛墙:达到设计要求,不影响防汛墙正常使用,不需要采取其他工程措施;二类防汛墙:基本上达到设计要求,工程局部损坏但经简单修复即可正常运行;三类防汛墙:达不到设计要求,工程存在严重破损,经大修或除险加固后,可正常运行;四类防汛墙:无法达到设计要求,工程存在严重险情,需要重建。

本《手册》主要是针对黄浦江、苏州河出现的一、二类防汛墙工程在日常运行过程中出现的局部缺陷、损坏等维修养护问题而编制的。通过调查分析,对堤防上出现的一些常见问题进行了梳理归类,并针对这些问题有针对性地制定了具体的维修、养护方法,以供维修养护单位在实际工作中参考使用。

　　对于第三、四类防汛墙,则应由相关部门委托具有相应资质的设计单位进行安全复核及设计后方可开展后续工作。

　　堤防养护单位可参照本《手册》内容,结合工程实际情况,制定养护维修方案,做好堤防设施的日常养护维修工作,并应随时检查总结,验证处理效果,为堤防工程管理积累经验,确保上海市一线堤防工程的安全运行。

第2章

堤防工程概况

2.1 堤防工程范围

上海地属滨江临海,地势低平,经常受到台风、暴雨、高潮位和洪涝等灾害袭击,堤防是上海黄浦江、苏州河防洪挡潮的主要工程设施。上海地区的堤防通常分市区和郊区两部分,市区段堤防习惯称防汛墙,郊区段堤防习惯称江堤或驳岸(图2-1)。

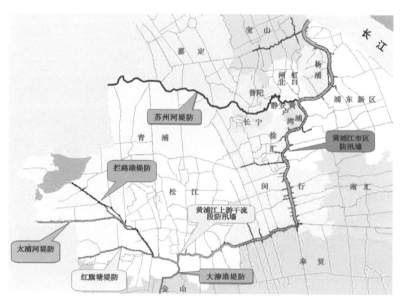

图2-1 上海市黄浦江和苏州河堤防工程范围示意图

　　黄浦江防汛墙是指浦西吴淞口至西荷泾,浦东吴淞口至千步泾,以及沿江各支流河口至第一座水闸,防汛墙长度约 294 km,可防御千年一遇潮位(1984 年批准的水位),工程等级为 Ⅰ 等 1 级;黄浦江上游堤防是指黄浦江上游干流及其支流(太浦河、拦路港、大泖港、红旗塘)段 217 km,目前按 50 年一遇的防洪标准设防,工程等级为 Ⅱ 等 3 级。目前,黄浦江两岸(包括支河口至水闸)已形成从吴淞口至江、浙地界的封闭防线,堤防全长 511 km,简称为千里江堤(表 2-1)。

表 2-1　上海市黄浦江和苏州河堤防工程分段等级

序号	岸段划分名称	起讫地点	工程等级	备注
1	黄浦江市区防汛墙	浦东:吴淞口至千步泾	Ⅰ 等 1 级	
		浦西:吴淞口至西荷泾		
2	黄浦江上游堤防	浦东:千步泾至三角渡	Ⅱ 等 3 级	
		浦西:西荷泾至三角渡		
3	拦路港堤防	三角渡至淀山湖		斜塘—泖港—拦路港
4	太浦河堤防	西泖河至江苏省界	Ⅱ 等 3 级	
5	红旗塘堤防	三角渡至沪浙边界		圆泄泾—大蒸港—红旗塘
6	大泖港堤防	黄浦江至沪浙边界		大泖港—掘石港—胥浦塘
7	苏州河(吴淞江)	黄浦江至真北路桥	Ⅱ 等 2 级	市区段
		真北路桥至江苏省界	大部分为 Ⅲ 等 3 级	郊区段

　　苏州河堤防是指黄浦江苏州河口至沪苏边界和各支流河口至第一座水闸或者已确定的支流河口延伸段,堤防总长 117 km。苏州河以真北路桥(中环线)为界,以东为市区段,以西为郊区段。苏州河市区段防汛墙长度为 34 km,目前按 50 年一遇的防洪标准设防,工程等级为 Ⅱ 等 2 级。郊区段防汛墙长度为 83 km,目前少量

岸段已按 50 年一遇的防洪标准设防,工程等级为 II 等 2 级,但大部分岸段仍为苏州河河口建闸前 1974 年批准的防御百年一遇潮位标准,工程等级为 III 等 3 级水工建筑物。

黄浦江干、支流分界位置确定:

(1)堤防里程桩号标志以千米为间距设置。

(2)支流河口以支流直线点为干、支流分界点(图2-2)。

(3)支流终点确定。

① 水闸外河翼墙边界线;

② 水闸外河消力池边界线。

(4)黄浦江里程桩起、终点位置。

① 起点:下游河口(吴淞口);

② 终点:三角渡。

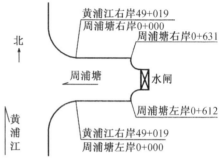

图 2-2　黄浦江干、支流分界位置示意图(单位:m)

2.2　堤防工程结构类型

2.2.1　市区防汛墙

上海市区的防汛墙工程,按功能划分,高出地面部分为防汛墙,墙身在地面高程以下为护(驳)岸。习惯上,兼有上述两部分结构的城市防洪工程统称为防汛墙工程。现有防汛墙类型可以按照基础结构和墙身结构的不同进行划分。目前常见的有高桩承台式防汛墙、低桩承台式防汛墙、拉锚板桩式防汛墙、斜坡(角)式防汛墙、L 形防汛墙、重力式防汛墙。

少数地段的防汛墙在结构上进行了改型,例如,将高桩承台式防汛墙的墙身改为空厢,或者将上部墙身与下部护(驳)岸结构分开布置,构成前驳岸、后墙身的两级挡墙组合式,以及利用原有老结构,将新老结构连接成整体的外贴式防汛墙。

2.2.2 上游堤防

上游堤防原来大部分为梯形斜坡土堤,迎水坡有块石或混凝土护坡,堤内、堤外有青坎。现在,上游堤防迎水面绝大部分改为护岸工程,护(驳)岸工程结构与市区防汛墙相类似。大致可以分为有桩基和无桩基两类,有桩基的为低桩承台式,无桩基的为重力式。L 形防汛墙和重力式防汛墙结构断面型式目前在上游堤防也较为普遍,特别是支流闸外段基本上都是这种结构型式,且墙前均为自然土坡。堤防式防汛墙是有桩基的典型上游堤防工程。

高桩承台式防汛墙(图 2-3):基础为前排钢筋混凝土板桩,后排钢筋混凝土方桩,承台底板露出河床泥面以上,上部建钢筋混凝土墙身。这种结构的防汛墙,其优点是结构稳定安全可靠,施工时

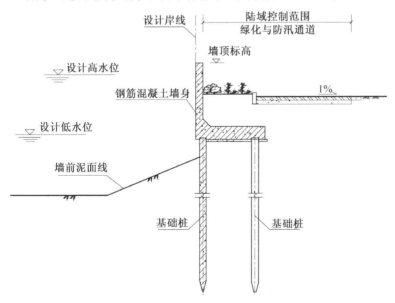

图 2-3 高桩承台式防汛墙断面示意图

可赶潮施工不需作围堰,但板桩若脱榫易造成土体流失及墙后地坪漏水。这是目前黄浦江、苏州河上新建防汛墙采用的主要结构型式。

低桩承台式防汛墙(图 2-4):基础桩前后排多为钢筋混凝土方桩,底板位于河床泥面以下,上部建钢筋混凝土或浆砌块石墙身。其优点是结构稳定、安全可靠,但是因基础前排桩为方桩,如果墙前泥面遭遇淘刷,极易造成底板下部掏空,形成隐患或险情。

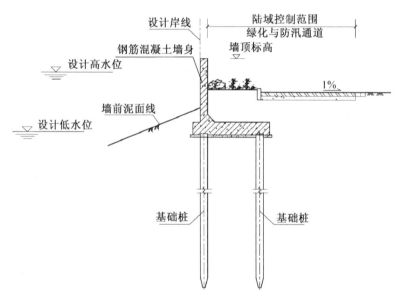

图 2-4　钢筋混凝土低桩承台式防汛墙断面示意图

为此,目前新建防汛墙如采用低桩承台结构型式的话,一般墙前岸坡都设置块石护坡予以保护。图 2-5 结构断面型式目前在内河堤防上采用较为普遍。

拉锚板桩式防汛墙(图 2-6):基础为钢筋混凝土板桩,通过导

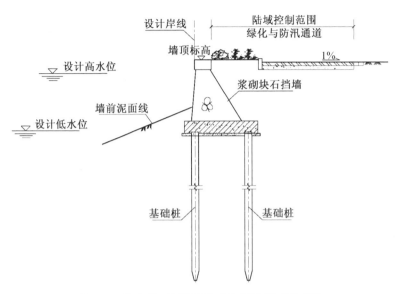

图 2-5　浆砌块石低桩承台式防汛墙断面示意图

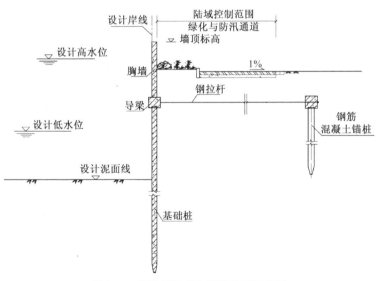

图 2-6　拉锚板桩式防汛墙断面示意图

梁形成固端,上部为钢筋混凝土胸墙,板桩通过拉杆锚固。这种结构现存于驳岸兼作小型码头的地段。其优点是墙顶侧向位移较小,但其后方要有较宽场地,因此使用受较大限制。

目前,在新建防汛墙兼作码头使用的工程中,该种结构型式已很少采用,而改用高桩承台结构型式。

护坡式防汛墙(图 2-7)和 L 形防汛墙(图 2-8):主要结构为钢

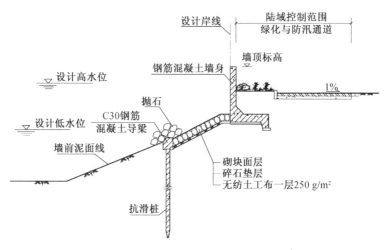

图 2-7 护坡式防汛墙断面示意图

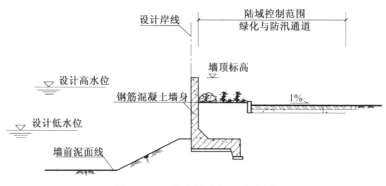

图 2-8 L 形防汛墙断面示意图

筋混凝土 L 形墙,护坡式在迎水坡面设有浆砌块石或混凝土护坡,坡脚处设块石大方脚、桩或抛石。其优点是比较经济,缺点是浆砌块石护坡易出现局部下沉或开裂现象,下坎淘刷后会造成下坎外倾、破损、倒塌,护坡塌陷,将危及墙体安全。

护坡式防汛墙一般分布在支流河段上。另外,在黄浦江上,岸前码头如与河岸线采用栈桥连接脱开布设的,其后侧防汛墙一般采用护坡式防汛墙型式的较多。采用 L 形防汛墙型式的,其迎水侧墙前一般均抛有块石护脚保护。

重力式防汛墙:无桩基重力式防汛墙一般较经济,但若驳岸前冲刷或挖泥超深,易造成重力式驳岸失稳。图 2-9 是无桩基的重力式防汛墙,在新建防汛墙工程中,这种结构型式上海地区已不再采用。

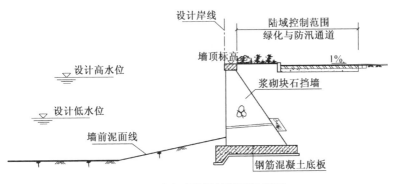

图 2-9　重力式防汛墙断面示意图

空厢式结构防汛墙(图 2-10):在原有防汛墙结构上进行改造,以适应地区交通及景观规划要求。

空厢式结构防汛墙目前主要分布在黄浦江武昌路至新开河段岸线上。

两级挡墙组合式防汛墙(图 2-11):将上部墙身与下部护(驳岸)岸结构分离,构成前驳岸、后墙身的两级挡墙型式,允许水位淹过前驳岸,后墙身墙顶标高满足防汛要求。

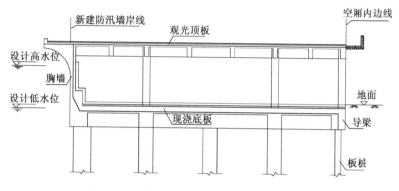

图 2-10　外滩空厢式结构防汛墙断面示意图

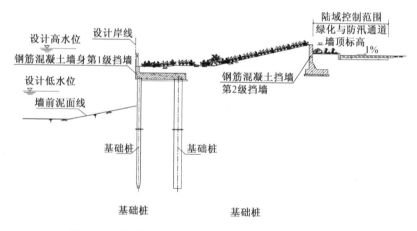

图 2-11　前驳岸、后墙身的两级挡墙组合式断面示意图

　　这是目前为适应城市滨江环境景观发展需求，在黄浦江、苏州河两岸的公共岸线新建或改建防汛墙采用的主要结构型式之一。

　　外贴式防汛墙(图 2-12)：新老墙体通过锚筋连接成整体，此类结构主要是原有老结构为块石体，为弥补墙身抗渗不足而设置，一般分布在郊区段以及支流河段。根据场地条件不同，也有采用内贴式加固型式的。目前，随着城市建设的快速发展，该种结构型式已较少采用,多被骑跨式高桩承台结构型式所代替。

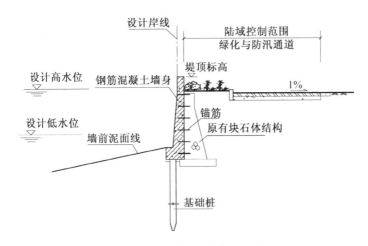

图 2-12　外贴式防汛墙断面示意图

　　堤防式防汛墙(图 2-13):堤身结构为土堤,堤顶为硬质(混凝
土或沥青)道路。堤顶标高满足防汛标准要求,堤内坡后有青坎,
堤外(迎水侧)目前大部分已改为护岸工程,结构与图 2-7、图 2-8、
图 2-9 中类似。堤防式防汛墙主要分布于黄浦江上游岸段。

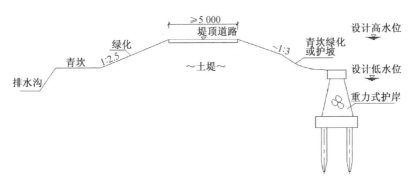

图 2-13　堤防式防汛墙断面示意图

2.3　堤防工程特点

上海市的堤防工程经过了较长的改造发展周期,工程标准逐步提高,目前绝大部分都是钢筋混凝土的结构工程,总体质量一般较好。由于改建工程占了比较大的比例,情况比较复杂,因此,充分了解工程的特点,对于做好防汛墙巡查养护工作是十分重要的。

上海市的堤防工程主要有下列特点:

(1)部分岸段先后经过了几次加高加固,因此,其结构往往不是一种典型的结构型式,工程结构个案特性较强。

(2)建造年份跨越时间较久,各分部、分项结构可能不是在同时建造,其建筑材料的老化程度差别较大,资料也可能分散在历次工程建设档案中,完整性较差。

(3)由于隶属关系不同、建设年代不同、设计单位不同等原因,相邻岸段之间的防汛墙工程结构可能有较大差异。

(4)大部分防汛墙工程的加高加固,都是根据原工程暴露出来的问题进行工程设计的,由于实际发生的潮位低于设计标准,因此,老结构的问题可能并未全部暴露,存在着一定的安全隐患。

2.4　堤防工程管理范围

1. 堤防保护范围

(1)黄浦江干流段(中、下游)堤防

根据《上海市黄浦江防汛墙保护办法》(以下简称"保护办法")第三条规定:"黄浦江防汛墙保护范围,是指黄浦江干流浦西吴淞口至西河泾、浦东吴淞口至千步泾和支流各河口至第一座水闸之间的防汛墙及其外墙体外缘水域侧 5 m、陆域侧 10 m 范围内的全部区域。"

另外,对于市区段两级挡墙组合式防汛墙,其陆域侧应以第 2

级挡墙为界后侧 10 m 的全部区域。

（2）黄浦江上游干流段及其支流堤防

黄浦江上游干流段以及拦路港、红旗塘、太浦河、大泖港等河道属于流域性河道，根据《河道管理条例》第二十六条规定，黄浦江上游堤防后陆域侧保护范围经由土地确权确定，以堤顶道路为界后侧约 25 m 左右的全部区域，水域侧为 5 m。

（3）苏州河堤防

根据现有相关文件规定，苏州河防汛墙保护范围是指黄浦江苏州河到沪苏边界和各支流河口至第一座水闸或者已确定的支流河口延伸段之间的防汛墙，以及其外墙体外缘水域侧 5 m，陆域侧 6 m 范围内的全部区域。

另外，如果是两级挡墙组合式防汛墙，其陆域侧应以第 2 级挡墙为界后侧 6 m 的全部区域。

2. 禁止行为

在防汛墙规定的保护管理范围内禁止下列行为：

（1）船舶、竹排、木排等水上运输工具在行驶中碰撞防汛墙；

（2）在防汛通道内行驶 2t 以上车辆；

（3）擅自改变防汛墙主体结构；

（4）带缆泊船或者进行装卸作业；

（5）打桩、爆破、取土、挖坑；

（6）危害防汛墙安全的其他行为。

在黄浦江防汛墙保护范围外的附近地区从事施工或者作业，不得危害防汛墙的安全。

第**3**章

堤防工程检查与养护

3.1 堤防工程设施的基本要求

堤防工程设施其安全性包括两方面,一要"站得稳",不倒、不垮、不坍、不滑,保证结构自身的安全;二要"挡得住",不渗、不漏、不漫、不溢,保证承担的防汛功能,确保城市安全。因此,堤防工程设施必须达到设防标准要求:

(1) 应达到相应建筑物等级;

(2) 应考虑各种设计工况及荷载组合;

(3) 必须达到规定的墙顶设防高程;

(4) 必须满足强度要求;

(5) 必须满足抗倾、抗滑和地基整体稳定性要求;

(6) 必须满足抗渗要求和渗透稳定性要求。

3.2 堤防工程竣工接管准备工作

堤防工程所涉及的所有设施在运行前,必须根据设计文件和有关竣工验收规定,进行全面检查,对所发现的问题进行认真查处,详细记录,并做好完整存档。

(1) 堤防设施的结构、形状,基础处理以及设备埋设等,凡不符合设计要求的,均应采取相应的补救措施加以完善。

（2）所有在施工中出现的缺陷，如混凝土振捣不密实、温差过大、施工缝处理不良等而引起的蜂窝、麻面、孔洞以及裂缝渗漏等，应根据其严重程度和对建筑物安全运行的影响情况，采取必要的整改补救措施，并详细记录备案。

（3）因运行需要保留的金属结构以及连接堤防的防汛（通道）闸门、潮拍门，均应按规范采用油漆或沥青加以保护。

（4）堤防设施建设资料，如竣工资料、重大变更、处理措施等，是堤防工程检查与维护的重要原始资料，须由专人立档保存，并方便随时调阅。

3.3 运行中的日常检查与养护

堤防设施在运行中的日常检查与养护应按照《上海市黄浦江防汛墙维修养护技术和管理暂行规定》执行，确保工程安全。

3.3.1 防汛墙的检查与养护

（1）墙体变形缝要定期检查观察，填缝料如有脱落的要及时补嵌；桥梁墩（台）与防汛墙之间的连接缝大多未设置止水带，要按设计要求及运行规程定期进行检查与维护。

（2）墙体表面有破损、风化、剥蚀、露筋或裂缝等缺陷时，应加强检查观测，分析原因，并及时修理。

（3）防汛墙（堤）在运行过程中，发现基础渗漏时，应仔细摸清渗水来源，其方法可在迎水侧相对应位置投放高锰酸钾、红墨水或木屑，进行观察和分析，必要时还可采取潜水检查的办法，在查明渗水来源后，应及时进行处理。

（4）斜坡式防汛墙要趁低水位时进行检查观察，坡面如出现空洞、裂缝要及时采用砂浆填塞勾砌；坡脚抛石失落或坡脚与坡面脱开要进行补抛固脚。如果是土堤则还要检查背水侧坡面有无渍水及渗漏情况。

（5）二级挡墙组合式防汛墙，其设在第一级墙顶上的防护栏杆应定期（每年一次）油漆维护，紧固件松动或缺失要及时维修或增补。

（6）防汛墙后的防汛通道、排水沟、集水井等均应保持畅通，如有堵塞、淤积或损坏时，应及时予以清理、修复，确保正常排水。

（7）墙顶距地面高度不足 1.10 m 的岸段，要及时配制安全警示标示牌，如有损坏、遗失或失效时，应及时处理并恢复，切实做好安全防护措施。

3.3.2 防汛（通道）闸门及潮闸门井的检查与养护

（1）防汛（通道）闸门及潮闸门井每年定期维护不少于两次，以确保度汛安全。

（2）闸门底槛门槽要保持畅通、清洁、无积水、无杂物堵塞，闸口不得有杂物堆放。

（3）闸门门体及零部件每年须定期油漆，注油保养。

（4）闸门止水橡胶条要定期更换，更换周期视实际情况，一般为 3～5 年。

（5）翻板式闸门槽要保持无积水、无垃圾杂物沉积；压力支撑杆应始终保持良好的工作状态，一旦发现问题，应及时上报进行修复。

（6）潮拍门口及闸门井内的漂浮物应经常清理，以防阻水、卡堵门槽造成倒翻水，并重点检查潮拍门，如有缺失，应及时按原规格进行修复。

（7）闸门井的启闭设备应配备专业人员进行定期检查维护。

3.3.3 重点岸段的检查与养护

（1）经常有船舶违规靠泊的防汛墙岸段、支流河口岸段以及在支流河口设有码头的其对岸为非码头段的区域，特别是河道狭窄并经常有船只掉头的区域均应采用简易钓杆定期（1 次/周～

1 次/月)监测墙前水深,判别墙前岸坡淘刷情况,必要时,上报相关管理单位进行处理。

（2）码头岸线外两侧 50 m 防汛墙岸段如有船舶违规靠泊,应迅速采取措施予以阻止,并采用简易钓杆定期(1 次/周～1 次/月)对墙前水深进行监测,判别岸坡淘刷情况,必要时上报相关管理单位进行处理。

（3）防汛墙兼作码头的岸段,除了检查墙体破损情况外,还应重点检查墙后有无超堆载及墙前超吨位船只停靠等情况发生,发现问题应立即阻止,并上报相关部门进行处理。

（4）船舶候潮区岸段,重点检查防汛墙墙体有无被撞击损坏,发现问题应及时处理。在低潮位时,应特别检查靠船尾侧的防汛墙水下部分滩地刷深情况及墙后回填土是否掏空、坍塌,一旦发现问题应立即上报相关管理单位,并采取相关措施予以保护。

（5）防汛墙迎水侧设置的防撞护舷,应定期(1 次/月)进行检查,如遇脱落、损坏、应及时按原样进行修复或采购更换。

（6）有通航要求的支流河道,河口转弯处船只对防汛墙的碰撞常有发生,为此,对河道转弯段防汛墙应进行重点检查,发现缺陷或异常情况时须及时处理。

检查的内容主要有:

① 墙面有无裂缝;

② 两侧变形缝有无错位及不均匀沉降;

③ 墙前岸坡有无淘刷、损坏;

④ 结构上有无私设带缆桩、环。

（7）墙后地面标高较低的岸段,高潮位时检查墙后有无渗水情况发生,一旦发现有渗漏情况,须及时查明原因进行修复。

（8）防汛墙后 6 m 以外在进行工程建设及其他可能危及堤防安全作业行为的,重点检查墙后有无超堆载以及基坑开挖情况,密切注意有可能对防汛墙产生的不利影响。当墙后大面积堆土超过 2 m 以上高度时,应及时上报堤防管理部门进行处理。

（9）防汛墙上设有排放口的岸段要定期检查观察：

① 采用简易钓杆监测墙前岸坡冲刷情况，必要时进行抛石护坦固基处理，以防止岸坡冲刷加深引起防汛墙基础掏空。

② 高水位时检查墙后有无渗漏水及地面沉陷情况，一旦发现问题须及时查明原因进行修复。

3.3.4　其他堤防设施的检查与养护

（1）堤防安全监测设施如信息光缆、光缆井、感应设备等应处于连续、畅通完好状态，如有损坏，应及时上报相关部门进行修理或更换。

（2）严禁各类船只停靠在排放口防汛墙段附近，以免发生事故。

（3）墙后绿化作为堤防设施的组成部分，当绿化出现死亡、缺损等情况时，应及时上报相关绿化管理部门，以便适时补种。

（4）防汛墙（堤）上标示的里程桩号是堤防工程管理中不可缺少的重要标记，应加以细心保护，一旦有任意涂擦情况发生，须及时予以修复。里程桩号如有调整更新时，新桩号设定后应及时将原有老桩号消除，以免混淆。

（5）堤防运行过程中所产生的各种观测资料应及时整理分析，如有异常应认真查明原因，采取处理措施，确保堤防正常运行。

3.3.5　特殊情况下的检查与养护

超设计水位、低水位运行或地震、风暴潮是检验已建堤防设施是否安全的一个重要标准。为此，在超设计水位、低水位运行或地震、台风、暴雨、高潮位过后，应立即组织力量对沿线堤防设施进行梳理检查，如有缺陷应及时养护维修；当发现异常现象时应加强观察，严密监视，并记录发展情况，研究紧急处理措施。检查内容包括：

（1）防汛墙各部位有无裂缝产生；

（2）防汛墙有无局部损坏；

（3）防汛墙变形缝有无漏水、错位、不均匀沉降；

（4）防汛墙墙后有无地面沉陷、渗漏孔洞等现象；

（5）防汛墙墙体有无滑动、倾斜等现象；

（6）防汛墙墙后有无积水，排水是否通畅；

（7）防汛墙原有的缺陷是否有扩大的现象，如裂缝扩展延伸、出现渗漏水；

（8）防汛墙迎水侧岸坡有无淘刷现象；

（9）防汛（通道）闸门能否正常关闭；

（10）潮闸门井（拍门）有无堵塞，能否正常运行等。

第**4**章

堤防构筑物墙体损坏的修护

4.1 堤防构筑物墙体损坏的种类与成因

堤防构筑物墙体损坏实例如图 4-1 所示。

4.1.1 墙体损坏的种类

上海市堤防构筑物墙体的建筑材料大致包括两种：一是钢筋混凝土，二是浆砌块石。通过调查和总结以往案例，上海市堤防构筑物墙体损坏的类型大致有四种：

（1）轻微损坏，即混凝土墙体存在蜂窝、麻面、骨料架空和外露、接缝不平等，浆砌块石结构墙体块石松脱、勾缝开裂等；

（2）表面破损，即墙体遭受外力撞击后造成的墙体混凝土局部脱落（图 4-1(f)）；

（3）墙体缺口，即墙体遭受严重外力撞击后造成墙体局部缺口；

（4）整体溃决，即墙体整体坍塌，造成堤防岸线的防御标准迅速降低，严重危及后方陆域安全。

4.1.2 墙体损坏的原因分析

造成墙体损坏的原因是多样化的，涉及施工、设计、日常管理以及其他突发外界因素等多方面。具体造成以上四种墙体损坏的

(a) 整体滑移出险段防汛墙

(b) 防汛墙损坏及墙前滩地冲刷严重

(c) 墙体老化钢筋裸露

(d) 墙体老化钢筋裸露

(e) 高大乔木导致墙体破坏

(f) 墙顶破损

图 4-1 堤防构筑物墙体损坏实例照片

原因分析如下：

（1）轻微损坏的原因

墙体损坏主要是施工质量不好造成的，例如模板走样、接缝不平、骨料偏大、振捣不充分、钢筋绑扎不规范、养护不到位、选用块石大小不一、勾缝砂浆不满足设计要求等。

（2）表面破损的原因

墙体损坏主要是外界因素造成的，例如在通航河道上，堤防墙前容易反复多次地遭受来往船舶的撞击；在临近市政道路的区域，堤防墙体陆域侧表面常容易遭受车辆飞溅石子的冲击，甚至失控车辆的直接碰撞等。

（3）墙体缺口的原因

墙体损坏主要是遭受外界突发因素引起的，情况类似前者，但遭受的撞击力较大，从而造成了墙体的局部缺口。

（4）整体溃决的成因

墙体整体损坏、坍塌往往是在堤防遭遇较极端工况，例如遭受外力突袭、风暴潮侵袭、墙后大面积堆载、墙前违规疏浚等的外界原因所造成。

上述第4种墙体损坏类型属于堤防工程抢险范围，相应对策可以参照《上海市堤防泵闸抢险技术手册》。本章仅对前三种墙体损坏类型提出日常维修养护技术方法。

4.2 堤防构筑物墙体损坏的检测

上述堤防构筑物墙体损坏类型均发生在堤防构筑物的外表面，很容易被肉眼发现，因此，堤防管理部门首先应当加强平时日常巡查和管理，对发现的堤防构筑物墙体损坏及时记录，并根据4.1节的分类标准，采取不同的检测方法：

（1）轻微损坏的检测方法

记录损坏类型、发现日期、里程桩号、位置及数量等，留下影像资料（拍照或录像），采用钢尺或皮尺记录破损处的尺寸，并在现场留下标记。

（2）表面破损的检测方法

记录损坏类型、发现日期、里程桩号、位置及数量等,留下影像资料(拍照或录像),采用钢尺或皮尺记录凹陷的尺寸、深度等,并在现场留下标记。

(3)墙体缺口的检测方法

记录损坏类型、发现日期、里程桩号、位置及数量等,留下影像资料(拍照或录像),采用钢尺或皮尺记录缺口的长度、高度等,并在现场留下标记。

4.3 堤防构筑物墙体损坏的修护

当发现墙体有损坏现象时,应区分不同情况,结合以往的设计、施工档案资料和运行情况记录,进行综合分析,确定损坏的原因,为制定修补措施提供依据。

由于混凝土损坏的原因是多方面的,并且损坏的部位也不是一定的,因此,处理措施也不完全一样。但是无论在何种情况下,对于已损坏的部位都必须进行修补,特别是对于因混凝土施工质量较差而引起的表面损坏,或一些不易对客观因素采取改善措施的墙体损坏,必须及时进行修补。

4.3.1 轻微损坏类墙体损坏的修护

此种墙体损坏类型,虽然一般危害较小,但在堤防工程中分布范围较广,影响堤防工程整体观感,应及时进行修补,常规采用环氧砂浆进行表层修补。

根据堤防结构的特殊性,裸露在外的墙体基本上都为直立体,为此,墙面修护选用"HC-EPC 水性环氧薄层修补砂浆"产品时应选用适用于垂直面的特殊配方 T 形产品。

(1)表面处理:施工表面必须干净、无灰,无松动和无积水,以确保砂浆的表面黏结力。暴露的结构层表面的浮浆必须铲除或喷砂去除,各类油污必须清除干净,确保黏合剂料的完全渗透,对暴露的钢筋采用除锈和涂防锈底漆。

（2）混合搅拌：严格按产品要求拌合砂浆料。

（3）施工：将搅拌好的黏合修护料用泥刀或刮板尽快批刮到处理好的施工表面或黏结材料表面，以达到修护的厚度。根据气温的高低，施工期夏天 2 h，冬天 3 h 内施工完毕，施工温度范围5℃～50℃。施工时用力压抹以确保修护料同基面完全黏附。刮刀将表面抹平整；压平后修去多余物料，及时表面整平，达到最终的表面效果。

（4）砂浆修补厚度：2～20 mm。

4.3.2 表面破损类墙体损坏的修护

对于此种墙体损坏类型的修复，首先应将表层破损范围内损坏的混凝土清除干净，然后对破损部位进行修补。具体方法和要求如下：

1. 表层损坏结构层的清除方法及技术要求

（1）由于一般破损发生在表层，且面积较小，可以用人工凿除。

（2）清除损坏结构层的技术要求：

① 在清除损坏混凝土时，要保证不损坏表层以下或周围完好的混凝土、钢筋及穿墙管线等预埋件，凿出钢筋须除锈、扳正。

② 在清除损坏浆砌块石时，要求保证不损坏临近块石及穿墙管线等预埋件。

2. 表层破损的修补方法

对于表面损坏深度小于 5 cm 的情况，可采用水泥砂浆或环氧砂浆或喷浆修补；对于表面破损深度在 5～10 cm 的情况，视现场具体情况可考虑增加采用钢丝网片固定，C30 细石混凝土封面。施工方式参见第 11 章实例一。

（1）水泥砂浆修补

水泥砂浆修补的工艺比较简单，首先必须全部凿除已损坏的混凝土或块石,并对修补部位进行凿毛处理,然后在工作面保持湿润状态的情况下,将拌合好的砂浆用刮板或泥刀抹到修补部位,反复压光后,按普通混凝土的要求进行养护。

（2）环氧砂浆修补

根据堤防结构的特殊性,裸露在外的墙体基本上都为直立体,为此,墙面修护选用"HC-EPM 环氧修补砂浆"产品时应选用适用于垂直面的特殊配方 T 型产品。

① 表面处理:施工表面必须干净、无灰,无松动和无积水,以确保砂浆的表面黏结力。暴露的结构层表面的浮浆必须铲除或喷砂去除,各类油污必须清除干净,确保黏合剂料的完全渗透,对暴露的钢筋采用除锈和涂防锈底漆。

② 混合搅拌:严格按产品要求拌合砂浆料。

③ 施工:将搅拌好的黏合修护料用泥刀或刮板尽快批刮到处理好的施工表面或黏结材料表面,以达到修护的厚度。当厚度较大时可分层施工;针对深度大于 5 cm 的缺口,修补可在搅拌时加入精选干燥的粗骨料,骨料粗细根据修补深度而定,但必须有较高的强度,以免影响整体修补强度。

根据气温的高低,在 20～45 min 内施工完毕,施工温度范围 0℃～40℃。施工时用力压抹以确保修护料同基面完全黏附。刮刀将表面抹平整;压平后修去多余物料,及时表面整平,达到最终的表面效果。

④ 砂浆修补厚度:20～50 mm。

4.3.3　墙体缺口类墙体损坏的修护

对于此种墙体损坏类型,首先应检测缺口两侧变形缝是否存在错位,当变形缝错位≥3 cm 时,应由专业设计单位对该段防汛墙进行安全复核,根据复核结果再确定修复方案。

对于一般不影响防汛墙主体结构安全的墙体缺口修复,首先应当对缺口范围已损坏的混凝土或块石进行清除,然后对缺口部位进行修补。具体方法和要求如下：

1. 损坏混凝土的清除方法及技术要求

（1）清除方法

可采用人工结合风镐,将已损坏的部分结构（混凝土或块石）全部凿除干净,直至显露下部结构完好的混凝土或块石。

（2）清除损坏结构层的技术要求

在清除损坏混凝土时,要保证不损坏表层以下或周围完好的混凝土、钢筋及穿墙管线等预埋件,凿出钢筋须除锈、扳正。

在清除损坏浆砌块石时,要求保证不损坏临近块石及穿墙管线等预埋件。

2. 墙体缺口的修补方法

一般墙体缺口位置位于墙顶部 0.5～1.0 m 以内,当缺口底标高高于该段防汛墙设防水位时,不影响防汛墙主体,及时修复即可；当墙体被撞缺口高程较低,高潮位时会造成缺口进水时,此时需加筑临时防汛墙。临时防汛墙可采用袋装土交错叠压堆筑,上口宽度 50 cm,两侧边坡 1：1,堆筑时,地面须清理干净,然后 1：2 水泥砂浆坐浆 3 cm 厚。

（1）钢筋混凝土墙体缺口修补方法（图 4-2 和图 4-3）

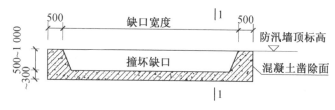

图 4-2　钢筋混凝土墙体缺口修补立面图（单位:mm）

① 将墙体已损坏的部分结构混凝土全部凿除干净,显露混凝土原有本色。

② 凿出钢筋除锈扳正。

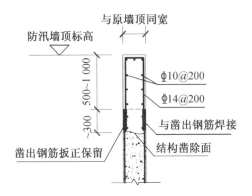

图 4-3　钢筋混凝土墙体缺口修补剖面图(1-1)(单位:mm)

③ 在凿出的墙体竖向布置 ⏀14 钢筋,间距 200 mm,分布筋 ⏀10,间距 200 mm。

④ 原有凿露的墙体钢筋与 ⏀14 钢筋焊接并连成整体,然后浇筑 C30 混凝土将原有墙体接顺修复。

⑤ 修复后的墙体迎水面应设置警示标示牌。

⑥ 修补材料的要求:参见附录 A.1 要求。

局部岸段受外力撞击出现墙体倒塌、断裂,此类情况多发生于墙身简单加高的部位或者是施工缝部位,大都是由于墙体浇筑或接高时钢筋未连接好所造成。

究其原因主要是:

ⅰ 墙体接高时,新老钢筋未按设计要求连接,钢筋锚固长度不够。

ⅱ 连接钢筋在同一位置上焊接未按规定错开。

ⅲ 钢筋锚固深度不足,仅简单采用膨胀螺栓定位。

此类情况下的墙体一旦遭受外力撞击,极易造成整体倒塌或断裂,且墙体断裂而呈现出较为整齐一致的外观现象。

对于类似墙体的修复,可参照上述缺口修复的方法进行修复。施工时,如原有墙体缺口较完整,则需将原有墙体凿除 300 mm 以上,两侧凿出钢筋保留,扳正。然后采用 ⏀14 钢筋并与两侧所有竖向钢筋焊接连成整体。分布筋采用Φ10@200,最后立挡模浇筑C30混凝土将原有墙体原样恢复。

另外,对于防汛墙结构整体沉降≤20 cm的岸段,其墙顶接高,也可按照上述方式进行。

当防汛墙结构整体沉降>20 cm时,根据情况,报请上级相关部门交由专业的设计单位对防汛墙结构进行安全复核后,再确定加高方式。

(2)浆砌块石墙体缺口修补方法(图4-4和图4-5):

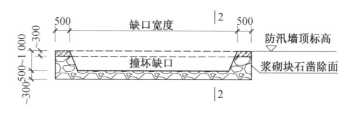

图4-4 浆砌块石墙体缺口修补立面图(单位:mm)

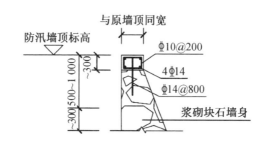

图4-5 浆砌块石墙体缺口修补剖面图(2-2)(单位:mm)

① 将墙体和压顶已损坏的部分结构全部凿除干净。

② M10砂浆重新砌筑下部浆砌块石墙身至压顶底,并埋设Φ14锚固筋,间距800 mm,长度不小于800 mm。

③ 凿出相邻两侧压顶的钢筋,进行除锈、扳正。

④ 在新筑块石墙身上,布设压顶钢筋(图4-5),也可按照原压

顶钢筋规格布置,并将纵向钢筋与两侧暴露的压顶钢筋焊接连成整体,然后浇筑 C30 混凝土将原有压顶接顺修复。

⑤ 修复后的墙体迎水面设置警示标示牌。

⑥ 修补材料的要求:常见附录 A.1 要求。

第5章

堤防构筑物裂缝的修护

5.1 堤防构筑物裂缝的种类与成因

堤防构筑物裂缝实例照片如图5-1所示。

(a) 防汛墙墙身多处贯穿裂缝

(b) 防汛墙墙体裂缝

(c) 防汛墙墙身开裂严重

(d) 防汛墙墙体裂缝严重

图5-1 堤防构筑物裂缝实例照片

5.1.1　堤防构筑物裂缝的种类

与一般水利水电工程中的堤坝结构型式不同,上海市堤防建设由于受场地条件的限制,防汛墙上部结构采用的一般均为钢筋混凝土轻、薄型结构。常见的裸露在外的挡水墙体厚度仅 30 cm 左右,少数岸段存在的块石结构护岸,其断面尺寸也较小,一般在 50～200 cm。防汛墙墙体上常见的裂缝一般有以下几种:

1. 温度裂缝

(1) 根据裂缝产生的原因不同,有表层、深层或贯穿三种型式,表层裂缝的走向一般没有规律性;

(2) 如果是深层或贯穿性裂缝,其裂缝方向一般与主筋方向平行或接近平行,与分布筋方向垂直或接近垂直;

(3) 裂缝宽度大小不一,但每条裂缝沿长度方向其裂缝宽度基本无大变化(较均匀);

(4) 裂缝宽度受温度变化影响,热胀冷缩较明显。

2. 干缩缝

(1) 裂缝属于表面性的,走向纵横交错,没有一定的规律性,形似龟纹;

(2) 缝宽及长度都很小,如发丝一般。

3. 沉陷缝

(1) 裂缝属于贯穿性的,其走向一般与沉陷走向一致;

(2) 裂缝宽度受温度变化影响较小;

(3) 较小的不均匀沉降引起的裂缝,一般看不出错距,较大的不均匀沉降引起的裂缝则常有错距。

4. 施工缝

(1) 裂缝属于深层或贯穿性的走向与工作缝面一致;

(2) 竖向施工缝(底板二次浇筑)开裂宽度较大,一般大于 0.5 mm;水平施工缝(墙体与底板二次浇筑)一般宽度较小。

5.1.2　堤防构筑物裂缝成因

（1）墙体配筋不足以及钢筋布置不当等,致使结构强度不足,建筑物抗裂性能降低;

（2）基础处理不当,导致基础不均匀沉降而使建筑物发生裂缝;

（3）墙体分缝段长度过长,使得温度应力超值,引起建筑物产生裂缝;

（4）混凝土浇筑时,质量控制不严,混凝土均匀性、密实性和抗裂性较差;

（5）混凝土凝结过程中,由于养护不当,外界温度变化过大,使混凝土表面剧烈收缩;

（6）混凝土未达到设计强度时因沉降、振动、收缩作用而引起的裂缝;

（7）台风和超标准水位运行,以及风、暴、潮同时袭击等引起建筑物的振动或者超设计荷载作用而发生裂缝甚至破损;

（8）结构建设年代久远,环境及空气污染对混凝土产生的侵蚀作用,如空气中的碳酸盐类使混凝土收缩。

5.2　堤防构筑物裂缝的检测

防汛墙结构出现裂缝,应加强检查与观测,根据裂缝的特征,结合设计、施工资料以及现场实际情况进行分析,查明裂缝性质、原因及其危害程度,为制定维修方案提供可靠依据。检查与观测的内容包括:

（1）裂缝位置:走向、长度、宽度、深度及分布范围;

（2）裂缝是否稳定:长度、宽度有无发展,一般应连续观测1～3周;

（3）有渗水的裂缝（包括块石体结构）应进行定量观测,以判断结构内部裂缝(缝隙)情况。

5.3 堤防构筑物裂缝修护

5.3.1 裂缝修护方法选择

混凝土和钢筋混凝土以及块石体结构裂缝的维修,目的是恢复其整体性,保持结构的强度,耐久性和抗渗性。常规的裂缝修复应在低水位和适宜于修护材料固化的温度或干燥条件下进行,并应在裂缝已经稳定的情况下在低温季节选择适当的方法进行修复。裂缝修护方法的选择可参考表5-1。

表 5-1　裂缝修复方法的选择

序号	裂缝类型	渗水现象	对结构强度的影响	修复方法	备注
1	干裂缝	不渗水	影响抗冲、耐蚀能力	表面涂抹环氧砂浆或防渗涂料	
2	裂缝宽度≥0.3 mm(裂缝不贯穿)	不渗水	无影响	表面涂抹环氧砂浆	在裂缝出现面处理
3	裂缝宽度≥0.3 mm(裂缝贯穿)	少量渗水	无影响	迎水面凿槽嵌补,背水面涂抹环氧砂浆	
4	对结构强度有影响的裂缝	渗水或不渗水	削弱或破坏	①钻孔灌浆封堵裂缝;②浇筑钢筋混凝土补强	采用一种或两种方法进行修复,如是沉陷缝须先进行地基加固处理
5	施工缝	渗水或不渗水	有影响	①钻孔灌浆;②迎水面凿槽嵌补	

5.3.2　裂缝修护方法

1. 表面涂抹

常用的表面涂抹方法有水泥砂浆、防水快凝砂浆、环氧砂浆等涂抹在裂缝部位的混凝土表面。

（1）水泥砂浆涂抹

先将裂缝附近的混凝土表面凿毛，并尽可能使糙面平整，经清理干净后，喷水使之保持湿润，涂刷界面剂，然后采用1:1～1:2的水泥砂浆涂抹，涂抹时混凝土表面不能有流水，涂抹的总厚度一般为1.0～2.0 cm，最后用泥刀压实、抹光。砂浆配置时所用砂子不宜太粗，一般为中细砂。水泥可用普通硅酸盐水泥，其标号不低于42.5。温度高时，涂抹3～4 h后即需洒水养护，并防止阳光直射；冬季应注意保温，切不可受冻，否则所抹的水泥砂浆经冻后轻则强度降低，重则报废。

（2）防水快凝砂浆涂抹

防水快凝砂浆是在水泥砂浆内加快凝剂，以达到速凝和提高防水性能的目的。该方法适用于常水位以下的墙体部位或护坡面在低潮位时进行赶潮快速修复。

防水剂可采用市场成品产品。

防水快凝灰浆和砂浆的配比可参考表5-2。

表5-2　防水快凝灰浆、砂浆配合比

序号	名称	配比（重量比）				初凝时间/min
		水泥	砂	防水剂	水	
1	急凝灰浆	1		0.69	0.44～0.52	2
2	中凝灰浆	1		0.2～0.28	0.4～0.52	6
3	急凝砂浆	1	2.2	0.45～0.58	0.15～0.28	1
4	中凝砂浆	1	2.2	0.2～0.28	0.4～0.52	3

防水快凝灰浆和砂浆的配制，是先将水泥或水泥与砂加水拌

匀,然后将防水剂注入并迅速搅拌均匀,立即用刮板和泥刀刮涂在混凝土面上,压实抹光。由于快凝灰浆或砂浆凝固快,使用时应随拌随用,一次拌量不宜过多,可以一人拌料,另一人涂抹。涂抹工艺:先将裂缝凿成深约 2 cm,宽约 20 cm 的毛面,清洗干净并保持表面湿润,然后在其上涂刷一层防水快凝灰浆约 1 mm 厚,硬化后即抹一层防水快凝砂浆,厚度 0.5～1.0 cm,再抹一层防水快凝灰浆,又抹一层防水快凝砂浆,直至与原混凝土面齐平为止。

（3）环氧砂浆涂抹

根据堤防结构的特殊性,裸露在外的墙体基本上都为直立体,为此,墙面修护选用"HC-EPC 水性环氧修薄层修补砂浆"产品时应选用适用于垂直面的特殊配方 T 型产品。

① 表面处理:施工表面必须干净、无灰、无松动和无积水,以确保砂浆的表面黏结力。混凝土表面的浮浆必须铲除或喷砂去除,各类油污必须清除干净,确保黏合剂料的完全渗透,对暴露的钢筋采用除锈和涂防锈底漆。

② 混合搅拌:严格按产品要求拌合砂浆料。

③ 施工:将搅拌好的黏合修护料用泥刀或刮板尽快批刮到处理好的施工表面或黏结材料表面,以达到修护的厚度。根据气温的高低施工期夏天 2 h,冬天 3 h 内施工完毕,施工温度范围 5℃～50℃。施工时用力压抹以确保修护料同基面完全黏附。刮刀将表面抹平整;压平后修去多余物料,及时表面整平,达到最终的表面效果。

④ 施工厚度:施工厚度 2～20 mm。

2. 凿槽嵌补

凿槽嵌补是沿混凝土裂缝凿一条深槽,槽内嵌填防水材料,如环氧砂浆及防水砂浆等,以防渗水。它主要用于修理一般对结构强度没有影响的裂缝。

（1）缝槽处理

沿裂缝凿槽,槽形根据裂缝位置和填补材料而定,可以凿成如

图 5-2 所示形状。

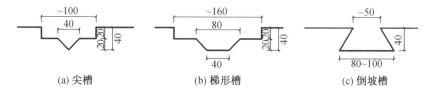

(a) 尖槽　　　　　　　　(b) 梯形槽　　　　　　　　(c) 倒坡槽

图 5-2　缝槽形状及尺寸图(单位:mm)

图 5-2(a)类型槽多用于竖直向裂缝,图 5-2(b)类型槽多用于水平向裂缝,图 5-2(c)类型槽的特点是内大外小,填料后在口门用木板挤压,可以使填料紧密而不致被挤出来,因而一般多用于顶平面裂缝及有渗水的裂缝。

槽的两边混凝土面必须修理平整,槽内必须清洗干净。如果槽口外需要抹水泥砂浆或喷砂浆等材料,在凿槽时须一并将槽口外的混凝土面凿毛(凿毛范围根据需要而定),同时清理干净。

用水泥砂浆填补时,事先要保持槽内湿润,但不能有流水现象;用环氧砂浆填补时,要保持槽内干燥,否则须采取其他措施后才能进行填补。

(2) 水泥砂浆嵌补

水泥砂浆嵌补比较简单,在工作面保持湿润状态的情况下,将拌合好的砂浆用刮板或泥刀抹到修护槽内,反复压光后,按普通混凝土的要求进行养护。

(3) 环氧砂浆嵌补

"双组分环氧砂浆"是裂缝修护的一种常用材料,它由优质的砂骨料和环氧树脂调配而成,并加入多种辅助剂,可控制材料的流动性和耐老化性,施工方便,可用刮板和泥刀进行施工。根据场地环境条件不同,有普通级、垂直施工级、潮湿级、细质级等,施工时应根据现场条件进行选用。

① 表面处理:施工表面必须干净、无灰,无松动和无积水,以

确保砂浆的表面黏结力。混凝土表面的浮浆必须铲除或喷砂去除，各类油污必须清除干净，确保黏合剂料的完全渗透。对暴露的钢筋采用除锈和涂防锈底漆。

② 混合搅拌：严格按产品要求拌合砂浆料。

③ 施工：将搅拌好的砂浆用泥刀或刮板尽快刮到处理好的施工面上，以达到修护的厚度，根据气温的高低 20～45 min 内施工完毕。施工时需用力压抹以确保修护料同基面完全粘附。刮刀将表面抹平整；为达到更光滑平整的表面，可在施工期表面洒些水再用泥刀压平整，也可戴塑胶手套压平。

④ 施工厚度：垂直面施工最大厚度 20 mm，水平面最大厚度 50 mm。

3. 化学灌浆

对于因各种原因形成的贯穿性裂缝的修复，通常采用钻孔灌浆的方式进行修护。常用的灌浆材料有水泥和化学两种材料。目前上海地区对于防汛墙贯穿性裂缝的修护通常采用的是化学灌浆方式。

化学灌浆材料具有良好的可灌性，可以灌入 0.3 mm 或更小些的细裂缝。同时化学灌浆材料可调节凝结时间，适应各种情况下的堵漏防渗处理。效果均较为理想。

（1）施工程序

钻孔→压气检验→注浆→封孔→检测。

（2）技术要求

① 钻孔

a. 布控方式：通常分为骑缝孔和斜孔两种。见图 5-3，对于大体积混凝土结构且裂缝较深的，当浆液扩散范围不满足要求时可采用斜孔辅助。上海地区防汛墙结构厚度一般在 0.3～0.6 m 范围，结构厚度不大，为此一般情况下均采用骑缝注浆型式。

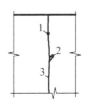

图 5-3　钻孔布置方式
示意图

1—骑缝孔；2—斜孔；
3—裂缝

b. 孔距及孔径:孔距根据浆液扩散性质、裂缝开度及缝面畅通情况、建筑物结构尺寸等因素确定,一般沿裂缝 200~500 mm 布孔一只。孔径:12~18 mm;孔深:~100 mm。

c. 设备安装:根据产品要求进行安装及操作。

② 压气检验

压气检验的目的主要是检查钻孔与缝面的通畅情况,可用耗气量来检查结构物内部是否有大的缺陷,检验时气压一般应稍大于注浆压力。

③ 注浆方法

a. 材料:一般常用的灌浆材料是改性环氧树脂,目前市场上化学灌浆材料品种较多,施工时应根据场地现状条件以及工程存在的具体问题选用相匹配的产品,以保证灌浆质量效果。另外,也可聘请专业技术公司进行加固修复。

b. 灌浆压力:0.3~0.5 MPa,结束压力 0.5~0.6 MPa,注浆时压力由低到高,当压力骤升而停止吸浆时,即可停止注浆。

c. 检测:混凝土大面积裂缝修补采用回弹法(JCJ/T23—2011, J115—2011)检测混凝土等级强度不小于 C30。

第**6**章

堤防构筑物变形缝的修护

6.1 堤防构筑物变形缝的种类和损坏成因

堤防构筑物变形缝损坏实例如图 6-1 所示。

(a) 墙体错位，变形缝损坏

(b) 变形缝沥青剥落

(c) 变形缝沉降错位、缝宽拉大

(d) 变形缝止水带损坏

图 6-1 堤防构筑物变形缝损坏实例照片

6.1.1 堤防构筑物变形缝的种类

目前上海市沿江沿河所建的防汛墙（堤）一般每间隔 15 m 左右就设有一条约 2 cm 宽的变形缝。变形缝止水的做法有以下 3 种情况：

（1）20 世纪 80 年代以来新建的钢筋混凝土结构防汛墙变形缝止水处理方法为：中间设橡胶止水带，聚乙烯硬质泡沫板隔断，外周面密封胶 20 mm×20 mm 封缝止水。

（2）部分块石结构的变形缝，其墙中间未设置橡胶止水带，缝间仅采用沥青木丝板或泡沫板隔断，外周面密封胶封缝。

（3）部分建造于 20 世纪六七十年代的钢筋混凝土防汛墙（加高加固时简单接高），变形缝也未设橡胶止水带，缝间用三毡四油隔断，加高加固时外周面仅采用沥青胶封缝。

6.1.2 堤防构筑物变形缝损坏成因

造成变形缝止水损坏的原因一般有以下几个方面：

（1）防汛墙（堤）不均匀沉降较严重，造成变形缝错位，致使填缝料脱落，止水带损坏，倘若施工时橡胶止水带设置不规范，则由于不均匀沉降更易引起止水带的损坏。

（2）防汛墙（堤）受外力突袭作用，墙体失稳造成变形缝止水带拉断。

（3）防汛墙（堤）变形缝填缝料老化、脱落，使变形缝形成内外贯通。

6.2 堤防构筑物变形缝的检测

变形缝止水有无损坏检查判别较为简单，地面以上部分可根据变形缝结构现状进行直观判断，地面以下部分可根据变形缝处相邻墙体不均匀沉降或错位、高潮位时地面有无渗水情况来判断止水带是否断裂。

6.3　堤防构筑物变形缝的修护

　　根据变形缝止水出现的不同情况,分别采取不同的修复方法。

6.3.1　工况一

　　变形缝嵌缝料老化、脱落,但墙体中间有橡胶止水带且未断裂。

　　修复方法:

　　(1) 将原有变形缝缝道内已老化的填缝料清理干净,混凝土显露面必须无油污无粉尘。

　　(2) 原有墙体中间埋设的橡胶止水带保留,清理时不得损坏。

　　(3) 缝道清理干净后,人工采用铁凿将沥青麻丝(交互捻)3～4 道顺缝向内嵌塞,外周面留有 2.0 cm 左右缝口,缝口内采用单组份聚氨酯密封胶嵌填。

　　(4) 密封胶嵌填前变形缝缝口的黏结表面必须无油污且无粉尘,嵌填时,宜在无风沙的干燥天气下进行,若遇风沙天气,应采取挡风沙措施,以防黏结表面因粘上尘埃而影响黏结力。

　　(5) 密封胶嵌填完毕后,其外表面应达到平整、光滑、不糙。

　　(6) 修复断面如图 6-2 所示。

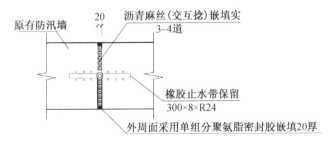

图 6-2　变形缝修复断面(单位:mm)

6.3.2 工况二

变形缝嵌缝料老化、脱落,墙体中间未设置橡胶止水带或原有止水带老化。

(1) 在原有变形缝位置处修复止水

具体做法为:凿除原有防汛墙变形缝两侧混凝土(各凿出宽度约 30 cm),凿出钢筋保留,扳正,然后将凿出钢筋与止水带定位钢筋焊接。中间埋置橡胶止水带,缝间采用 20 mm 厚聚乙烯硬质泡沫板隔开,外周用单组份聚氨酯密封胶 20 mm×20 mm 嵌缝。做法详见图 6-3。在原有变形缝位置处修复止水,涉及防汛墙破墙施工,为此,在防汛墙凿除前,必须按防汛墙标准先设置临防。

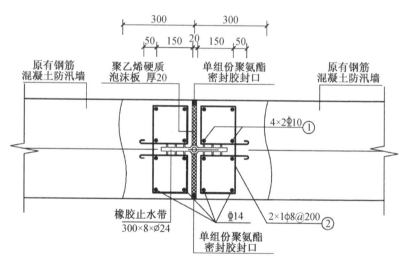

图 6-3 原变形缝位置处修复止水(单位:mm)

(2) 在原有变形缝后侧设置止水(后贴式止水)

具体做法为:

① 首先将防汛墙原有变形缝缝道全部清理干净,然后采用人工方式用铁凿将沥青麻丝(交互捻)嵌塞进去,临背水面各嵌 3~4

道,临水面外口留 2 cm 采用单组份密封胶封口,中间空档缝隙采用聚氨酯发泡堵漏剂堵实。

② 然后在背水侧凿除原有变形缝两侧各约 40 cm 混凝土面层,深度约 5 cm,凿出钢筋保留,清理干净后,与止水带定位钢筋焊接。最后立挡模,分别浇筑 C30 混凝土,缝间采用 2 cm 厚聚乙烯硬质泡沫板隔开,外周用单组份聚氨酯密封膏 20 mm×20 mm 嵌缝。

③ 后贴式止水修复常用的修复方式有二种(图 6-4、图 6-5)。两种型式区别主要是止水带设置位置有所不同,施工时可根据场地实际情况进行选用。

一般情况下,当遇到两种不同结构型式连接时,止水带设置,宜选用图 6-5 型式。后贴式止水修复方式,因不涉及破墙,不需要修筑临时防汛墙而被广泛采用。

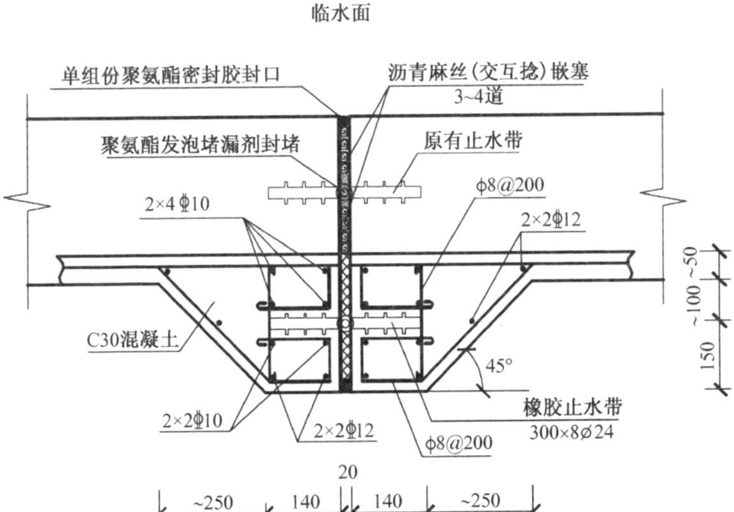

图 6-4　后贴式止水修复断面图 A(单位:mm)

(3) 块石体结构变形缝修复

具体做法为:首先将块石体结构变形缝内的老化嵌缝料清理

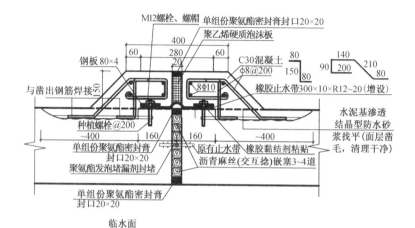

图 6-5　后贴式止水修复断面图 B(单位:mm)

干净,然后采用人工方式用铁凿将沥青麻丝(交互捻)嵌塞进去,临水面及背水面各嵌 3～4 道,内、外口留 2 cm 采用单组份聚氨酯密封膏封口。最后,将变形缝中间空档缝隙采用聚氨酯发泡堵漏剂堵实。做法详见图 6-6。

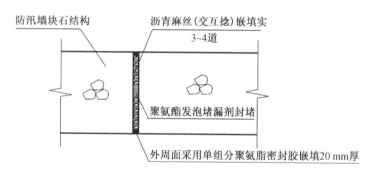

图 6-6　变形缝修复断面图

6.3.3　工况三

防汛墙加高,在原有位置处接高变形缝的做法为:

（1）原有变形缝两侧混凝土凿除凿出钢筋保留，将凿出的原有橡胶止水带外周面清洗干净直至显露原有本色，并割除其顶部老化部分，然后采用专用"胶黏剂"将同规格新老橡胶止水带粘接牢，搭接长度≥10 cm，并将凿出钢筋与止水带定位钢筋焊接。最后立挡模浇筑 C30 混凝土至防汛墙设防顶标高，缝间采用 20 mm 厚聚乙烯硬质泡沫板隔开，外周用单组份聚氨酯密封胶 20 mm×20 mm 嵌缝。

（2）变形缝缝口必须上下对齐，呈一直线形。

6.3.4　工况四

防汛墙与桥梁墩（台）连接点止水修复，采用"堵排结合"方式（图 6-7、图 6-8），具体做法为：

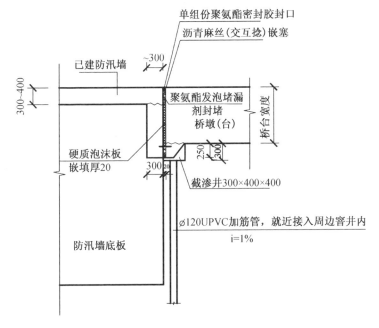

图 6-7　桥台与防汛墙连接点止水修复平面图（单位：mm）

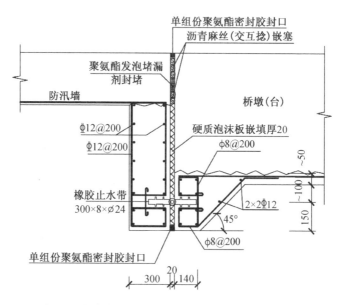

图 6-8　桥台与防汛墙连接点止水剖面图(单位:mm)

（1）首先将防汛墙与桥梁墩(台)之间原有变形缝缝道清理干净,然后采用人工方式使用铁凿将沥青麻丝(交互捻)嵌塞进去,临水侧及背水侧各嵌 3～4 道,嵌塞范围为:墙顶至底板底面。临水侧外口留 2 cm 采用单组份聚氨酯密封胶封口,中间空挡缝隙采用聚氨酯发泡堵漏剂堵实。

（2）随后将防汛墙转角连接至与桥梁墩(台)齐平。防汛墙墙面、底板端部混凝土凿除,凿除宽度约 30 cm,深 5～10 cm,凿除面清理干净后,配置φ12 钢筋@200 与底板及墙体内原有钢筋焊接成整体,也可将混凝土面层凿毛清理干净后,采用 2φ12 种植筋@200 设置方式布设钢筋。然后用 2 cm 硬质泡沫板隔开,立挡模,C30 混凝土浇筑成形。施工时,防汛墙接出段部分宜与止水带埋设同步施工。

（3）最后在原有变形缝背水侧设置垂直向止水带,施工时必须保留墙体凿出钢筋,并将凿出钢筋与止水带定位钢筋焊牢,最后立挡模浇筑 C30 混凝土至防汛墙顶标高,缝间采用 2 cm 厚聚乙烯硬质泡沫板隔开,外周用单组份聚氨酯密封胶 20 mm×20 mm 嵌缝。

（4）在桥墩与底板连接处设置 300 mm×400 mm×400 mm 砖砌截渗井,截渗井必须与新设止水结构封闭连接,以确保渗流水不外泄。∅120UPVC 排水管落底设置,并以 1‰坡度与外侧市政窨井连接,以确保畅流不积水。

（5）止水带设置也可参照图 6-5 方式布置。

6.3.5 变形缝修复注意事项

（1）新老防汛墙接头设计一般按图 6-3 型式实施,但实际施工时,如碰到两底板长度不一或者新老防汛墙结构型式不同时,变形缝修复按最小断面设置,然后墙背后两侧各 3 m 范围应采用压密注浆进行加固。

（2）拉锚结构与高桩承台结构连接断面的变形缝修复参照图 6-7、图 6-8 实施。修复时,如果发现底板下部土体不密实,在墙背后两侧各 3 m 范围增加压密注浆地基加固。

（3）一般情况下,变形缝修复范围应为整个防汛墙断面。密封胶嵌缝为整个防汛墙断面的外周面（图 6-9、图 6-10）。

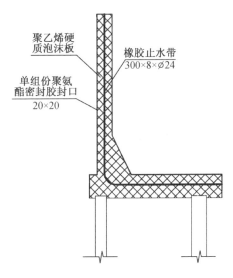

聚乙烯硬质泡沫板

橡胶止水带
300×8×∅24

单组份聚氨酯密封胶封口
20×20

图 6-9　新建防汛墙变形缝结构（单位:mm）

（4）如遇墙后为市政道路或管线密布无法开挖情况时，变形缝修复视具体情况参照图 6-2、图 6-6 修复方式进行定期（3 年左右）修补。迎水面修至底板底部，背水面修至地面以下 20 cm。

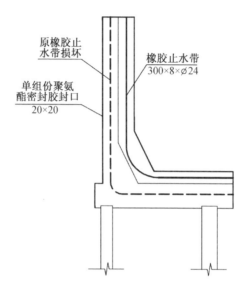

图 6-10　后贴式防汛墙变形缝结构（单位：mm）

第7章

堤防构筑物渗漏的修护

　　黄浦江和苏州河水位高于防汛墙（堤）后地面标高时，墙（堤）后地面出现渗水，随着水位不断地上涨，墙（堤）后渗水会加大并形成积水，同时，随着水位下降，地面积水也会逐渐减少直至消失。这种随江水涨落而形成的渗水现象，如不及时进行处理，时间一长，会发展成管涌、地基掏空或地面坍陷，造成对周边地区的严重危害。

7.1　堤防构筑物渗漏的种类与成因

　　堤防构筑物渗漏实例如图 7-1 所示。

(a) 防汛墙后地面渗水　　　　　　(b) 外滩空厢厢底变形缝漏水

图 7-1　堤防构筑物渗漏实例照片

7.1.1 堤防构筑物渗漏的种类

堤防构筑物的渗漏,按其发生的部位,可分为以下几种:

(1)构筑物结构本身渗漏,如由于裂缝、结构缝、变形缝和破损等原因引起的渗漏。

(2)构筑物基础渗漏。

(3)构筑物与其他管线接触面渗漏,如下水道出水管接口封堵不实或脱节、断裂等。

7.1.2 堤防构筑物渗漏的原因

堤防构筑物渗漏的原因是多方面的,由于设计或施工上的缺陷,或在运行中遭受意外破坏作用,都容易导致构筑物发生渗漏,例如:

(1)由于勘探工作做得不够,地基留有隐患,堤防不均匀沉降引起渗漏。

(2)由于设计考虑不周,滩地淘刷造成结构基础掏空引起渗漏。

(3)浆砌块石墙身砌筑不密实,以及混凝土施工时未振捣密实,局部产生蜂窝、裂缝等引起渗漏。

(4)防汛墙与桥台(墩)未形成防渗封闭体系,兼作防汛墙的桥台结构未设置地基防渗构筑物,以及桥台防渗结构与防汛墙防渗构筑物之间没有形成封闭体系。加之墙后地坪低于常水位,回填土抗渗性差,回填不密实而引起渗漏。

(5)底板结构裸露于泥面以上,致使基础掏空导致墙后渗漏。

(6)设计、施工中采取的防渗措施不到位,引起渗漏。如变形缝止水损坏,墙后回填料为松散性弃料,回填土夯实不密,板桩脱榫或板缝未处理好、穿墙(堤)管线接口脱节断裂等。

(7)突发事件,使堤防构筑物或基础产生裂缝,如大型地下管线施工穿越堤防,引起渗漏。

7.2 堤防构筑物渗漏的检查

7.2.1 渗漏的检查判别

当地面出现渗水情况后,如有积水,首先应开沟引流,排除积水,同时找到渗水集中点(区)位置。根据现场的实际情况,采用排除法检查判断产生渗水的最终原因,判别渗水原因一般从以下几个方面进行考虑:

(1)如墙后渗水区域面较大,现场周边土质松软,则有可能是墙后回填土不密实引起渗水。

(2)墙后渗水区地面如发生凹陷,除了回填土不密实以外,还需防备防汛墙基础有淘刷的可能性。

(3)渗水区内如有变形缝,则可通过观察相邻墙体有无不均匀沉降来判别是否为基础底板止水带断裂而导致渗水。

(4)临水面如有排放口,则需检查管口周围有无渗漏水的现象,管道长期失修,江水通过管壁与墙身接合部位渗出地面也存在可能性。

(5)此外,墙后出现突发集中渗水现象,一般为下水道破损的可能性比较大。

(6)如防汛墙为浆砌块石墙身,墙后普遍出现渗漏水,则为墙身砌筑不密实或块石脱缝引起的可能性较大。

(7)板桩脱榫或板桩缝未处理好是板桩驳岸墙后渗水原因之一。

渗水原因确定后,根据现场渗水程度和影响范围,制定修复方案,消除堤防险情。

7.2.2 渗漏处理的原则

渗漏处理的基本原则是"以堵为主,辅以疏导",在制定处理措施时,要根据渗漏发生的原因、部位和危害程度以及修复条件等实际情况而定。

(1) 对于构筑物本身渗漏的处理,凡有条件的应尽量在迎水面封堵,以直接阻止渗漏源头。如迎水面封堵有困难,且渗漏水不影响堤防主体结构稳定的,如穿墙管线接口,也可以在背水面进行截堵,以减少或消除漏水和改善作业环境。

(2) 因渗漏引起基础不均匀沉降的,应先进行基础加固处理。

(3) 对于地基渗漏的处理,分析产生渗漏的具体原因,分别采取相应的处理方式。

7.3　堤防构筑物渗漏的修护

7.3.1　裂缝渗漏的处理

根据裂缝发生的原因及其对结构影响的程度,渗漏量的大小和集中、分散等情况,分别采取以下处理方式:

(1) 结构主体裂缝渗漏的处理

① 表面处理:按裂缝所在部位,可按第 5 章所述方法处理。

② 内部处理:采用灌浆充填漏水通道,达到堵漏目的,有关灌浆的工艺与技术要求,参阅第 5 章。

(2) 穿墙(堤)管线渗漏的修复处理

① 迎水面处理:趁低潮位时施工,首先消除管周口处杂物及失效的充填料,然后,根据管口缝隙的尺寸采用遇水膨胀止水条或沥青麻丝进行人工嵌塞密实,外口再采用单组份聚氨酯密封胶封口。施工时,如果有潮拍门损坏,则应同时更换潮拍门。

② 背水面处理:迎水面外口封堵后,进行墙后开槽,探查确定管道有无损坏。如果管道有损坏,则须更换管道;如果管道是完好的,还需对内侧接口处特别是管口底部进行灌浆补强加固,并采用密封胶封口。

③ 管槽回填:管线渗漏修复后,管线与墙体的接口部位采用土工布(250 g/m²)遮帘(两侧搭接长度大于50 cm),然后采用水泥土回填夯实。水泥土回填技术要求参见附录A.6。

7.3.2 地基渗漏的处理

常见的地基渗漏处理方式有换填土、压密注浆,高压旋喷桩等型式,操作方法可参见《上海市地基处理技术规范》中有关章节要求进行。具体施工技术指标要求参见本书附录A。

根据堤防结构型式特点,地基渗漏加固处理作业时需注意以下几点:

(1)首先,作业时间均应安排在低潮位时进行。

(2)板桩有脱榫情况时,施工时应先对板桩缝采用回丝或木板条进行嵌塞处理,墙后侧加固完成后,还应在迎水侧通过板桩缝增加水平灌浆加固。间距:水平向0.5 m,垂直向1 m。

(3)除板桩结构外,对于其他底板裸露于泥面以上的结构,施工时,应首先将底板露出部位进行封堵。如果结构底板以下有空洞存在,应采用C15混凝土或水冲法灌砂方式先进行填实,再注浆固结形成整体。

(4)修复处理范围界定见图7-2。

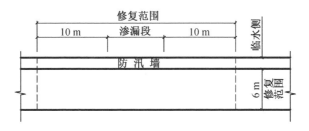

图7-2 渗漏修复范围平面图

7.3.3 变形缝渗漏处理

（1）变形缝修复处理方式可根据原有变形缝结构的设置情况，以及现场许可条件，参照5.3节进行选用处理。

（2）如果变形缝结构有不均匀沉降现象，应采用压密注浆方式先进行地基加固处理后，再进行变形缝的修复。

（3）如变形缝之间变形差＞2 cm时，应由专业设计单位对该段防汛墙进行安全复核，根据复核结果确定修复方案。

第**8**章

堤防构筑物护坡损坏的修护

在上海地区，凡是设有护坡堤防构筑物，其后侧挡墙的结构型式大多是低桩承台结构或无桩基的重力式和钢筋混凝土 L 形结构。护坡是堤防结构的重要组成部分，它的作用是保护岸坡稳定，确保堤防安全，如有损坏应及时进行修理。

常见的护坡结构型式有浆砌块石护坡、抛石护坡、灌砌块石护坡、混凝土或钢筋混凝土护坡等。

8.1 堤防构筑物护坡损坏的种类与成因

8.1.1 护坡损坏的种类

护坡由于设计不当、施工质量差或管理不善等方面的原因，在涨落潮流、风浪、船行波和其他外力作用下出现损坏，直接影响到堤防结构的安全稳定(图 8-1)。因此，研究护坡损坏原因，采取正确的

(a) 浆砌块石护坡塌陷　　(b) 浆砌块石勾缝内部砂浆　　(c) 混凝土护坡接缝脱开，
　　　　　　　　　　　　　被掏空，护坡严重损坏　　　　止水失效

图 8-1　护坡损坏实例照片

处理措施是非常有必要的,常见的护坡损坏类型和原因见表 8-1。

表 8-1　护坡破坏的类型、原因及特征

类型	破坏形式	原因及特征
脱落		由于砌筑质量差,砌体不紧密或砂浆脱落,在风浪作用下,使石头松动、脱落
坍塌		由于施工质量差,风浪将护坡垫层淘出,或因护坡沉陷,使护坡架空或陷成凹坑,甚至发生错动或开裂
崩塌		护坡局部破坏后,底部垫层失去保护,岸坡继续被淘刷造成护坡大面积的崩塌。护坡崩塌比较迅速,并威胁堤防结构的安全
滑动		护坡局部破坏后,如未及时修复,破坏面逐渐扩大,使上部护坡失去支撑,呈悬空状态,加上波浪的冲击、振动和垫层的移动,造成上部护坡倾滑
侵蚀		由于护坡材料差,受涨落潮流和风浪的长期冲刷而侵蚀或溶蚀
破损		浆砌块石或混凝土护坡,因排水不良,护坡面在渗透压力作用下局部护坡鼓胀以致破裂

8.1.2　护坡损坏原因

护坡发生损坏往往是一种或几种因素共同作用的结果,必须通过仔细观测分析,才能找出其破坏的主要原因,这对于正确判定护坡修理方案是十分必要的。护坡损坏,一般都是逐渐加剧的,如能及时发现护坡损坏并积极采取修复措施,是可以阻止险情扩大的。分析各种护坡损坏的原因,主要有以下几方面:

1. 设计方面原因

(1)设计工况因素考虑不周到,设计的护坡强度及稳定不够,如上海地区每年要遭受台风袭击,每当台风过后,护坡常常出现损坏情况。

(2)护坡类型选择不当,设计时未能很好地考虑工程实际条件,合理地选择护坡类型。在风浪和外力作用下,因护坡类型不适应而造成护坡损坏是时常发生的。

(3)对护坡结构的整体性设计不完善,如坡脚埋设过浅,极易受船行波及过往船只的淘刷而失稳、破坏等。

2. 施工方面原因

(1)干砌块石护坡(新建护坡式堤防结构,一般先铺筑干砌块石过渡,待岸坡沉降稳定后,再按永久性结构要求翻建),护坡块石砌筑不紧密,空隙大,甚至有架空现象;铺砌护坡时,片面讲究表面平整美观,对一些扁而宽的块石,采用平砌,缝隙大,有架空现象;对一般的块石,没有立砌,互相结合不紧密,如受风浪淘刷,就有可能使块石松动而脱落破坏。

(2)浆砌块石护坡和灌砌块石护坡,施工时因填浆不满,或因块石表面泥砂污垢未洗刷干净,砌筑时砂浆与块石黏结不牢,遭遇风浪冲击,使块石松动甚至脱落。

(3)混凝土护坡,施工时未能严格控制混凝土质量,如护坡厚薄不一;用料质量差;配比混乱,水灰比太大;没有充分搅和、捣固;没有适当养护;接缝处理不好等,造成混凝土板下面掏空、松动,使混凝土护坡开裂破坏。

（4）护坡材料，施工选择的材料不符合设计要求，如块石护坡采用风化石，遇水易崩解的砂质页岩以及含有可溶性盐类的岩石等，这种材料在风浪作用下，易被磨蚀、溶解，甚至流失，造成护坡损坏。

3. 管理方面原因

（1）维修养护不及时。在管理方面，平日应勤检查、勤养护，保护护坡完整无损。护坡上一个小空隙，一块石头松动，如不及时修补，遇到波浪淘刷，都可能造成大面积破坏。

（2）翻修加固不当。护坡翻修加固时，由于各种原因不能设置挡水围堰，水位无法落低至原设计起护高程以下，因而护坡修复只能根据水位降落情况，从某一高程开始进行，尽管在施工水位以上部分，护坡翻修得十分坚固，但在翻修与未翻修部位的结合处，却是护坡的最薄弱环节。当风浪在结合线附近冲击时，常造成其下未加固部分破坏，使上部已翻修的护坡也失去稳定。

4. 其他原因

超吨位船舶违规运行，在防汛墙上违规带缆、停靠以及河道超挖等同样也会引起护坡的损坏。

8.2 堤防构筑物护坡损坏的检查

护坡的检查与观测应在高水位、低水位，台风和暴雨期间，以及遭遇其他外力作用之后，根据具体情况确定和增加检查次数。当护坡遭到重大破坏，将影响堤防安全时要进行临时抢护。

1. 检查与观测的主要内容

（1）坡面排水孔是否堵塞，变形缝嵌缝料有无脱落。

（2）护坡上、下游连接点及坡脚处抛石体有无淘失、滑落。

（3）护坡表面是否风化剥落、松动、裂缝、隆起、塌陷、架空和冲失；有无杂草、空隙、漏洞。

2. 检查与观测的方法

根据具体情况和需要,分别采用以下方法:

(1)损坏范围不大时,可直接观测,如坡脚处抛石失落。

(2)对损坏重点部位可拍摄照片。

(3)如发现坡面有明显变形时,可重点挖开护坡检查,了解护坡、垫层和基土具体的变化情况。

(4)检查时,应有记录和描述。

8.3　堤防构筑物护坡损坏的修护

在一般情况下,应首先考虑在现有基础上进行填补翻修,如果填补翻修不足以防止局部损坏,可研究其他处理措施,甚至改变护坡型式。常用的加固修复方法分述如下。

1. 填补翻修

由于护坡原材料质量不好,施工质量差而引起的局部脱落、塌陷等损坏现象,可采取填补翻修的办法处理。

首先将护坡上破损面的材料全部拆除至基土面,随即铺垫一层土工布反滤($250 \, \text{g/m}^2$),然后 $20 \sim 30 \, \text{cm}$ 碎石找平,最后按原护坡类型进行翻修护砌。翻修时,清理深度可根据现场实际情况调整,如果只是表面破损,而垫层未受影响,则只要进行简单表层修复即可。

(1)干砌块石(包括料石)护坡

如因原护坡块石尺寸太小,风化严重,或强度过低和施工质量差而破坏的,应按设计要求选择护坡材料,凡不符合设计要求的块石,应予更换。如因原垫层级配不好,滤料流失,最后引起护坡塌陷破坏的,在护砌前,应按设计要求补充填料。砌筑时应自下而上地进行,务使石块立砌紧密。对较大的三角缝,应用小片石填塞并楔紧,防止松动。形状扁平的块石应修整后立砌,砌缝要交错压缝,护坡厚度一般为 $30 \sim 40 \, \text{cm}$。施工时,为防止上部原有护坡坍塌,可逐段拆砌,每隔1～2 m临时打入一钢钎阻止上部护坡滑下。如果水下部位暂不能修补时,可采用石笼网兜的方式进行护脚(图8-2)。

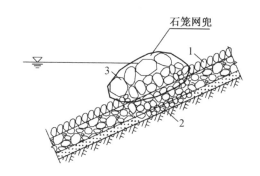

图 8-2　抛石护脚示意图

1—已修补的护坡;2—无法修补部位;3—石笼网兜护脚

(2)浆砌块石护坡

修补前应将松动的块石拆除,并将块石灌浆缝冲洗干净,不准有泥砂或其他污物粘裹。所用块石形状以近似方形为准,不可用有尖锐的棱角及风化软弱的块石,并应根据砌筑位置的形状,用手锤进行修整,经试砌大小合适以后,再搬开石块,座浆砌筑。个别不满浆的缝隙,再由缝口填浆,并予捣固,务使砂浆饱满。对较大的三角缝隙,可用手锤楔入小碎石,做到稳、紧、满。缝口用高一级的水泥砂浆勾缝。

采用浆砌块石措施加固护坡,为防止护坡局部破坏掏空后导致上部护坡的整体滑动坍塌,可在护坡中间增设一道水平向的阻滑齿坎(图 8-3)。

(3)灌砌块石护坡

局部岸段,特别是处于河口转角处岸段,由于长年受涨落潮水的冲刷影响,原有浆砌块石护坡常常出现松动、破损、块石面之间凹凸不平的状况。由于结构所处位置较险要,对于此类坡面,可采

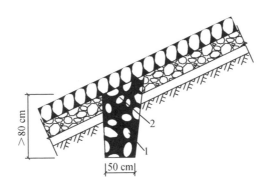

图 8-3 阻滑齿坎示意图

1—阻滑齿墙；2—排水孔

用灌砌块石的修补方式，以提高坡面的整体刚度，具体做法如下：

① 翻拆原有块石护坡（损坏部分），将原土坡面填实修平；

② 在土面上铺垫一层土工布反滤；

③ 然后铺 15 cm 厚碎石垫层；

④ 再在面层铺砌块石（利用原拆除的块石必须清理干净），块石厚度≥35 cm，块石之间缝隙宽度≥10 cm；

⑤ 最后在缝隙内灌注满 C25 细石混凝土，如图 8-4 所示。

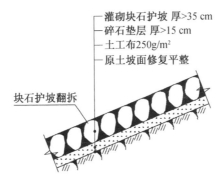

图 8-4 灌砌块石护坡断面

灌砌块石护坡修复详见 11.5 节实例五。

（4）堆石（抛石）护坡

填补前应仔细检查堆石体底部垫层是否被冲刷。如被冲刷，应按滤料级配铺设垫层，其厚度应不小于 30 cm。堆石体的填补，采用抛石法进行。堆石中至少应有一半以上的石块达到设计要求的直径，并且最小块石的直径应不小于设计块石直径的 1/4。抛石顺序应先小石后大石，面层石块越大越好。所用块石要求质地坚硬、密实、不风化、无缝隙和尖锐棱角。抛石后表面应稍加整理，并用小片石填塞空隙，防止松动。堆石厚度一般为 50～100 cm。

（5）混凝土护坡

为使新旧混凝土接合紧密，应将原混凝土护坡破坏部位凿毛清洗干净，然后浇筑混凝土填铺，混凝土标号可采用与原护坡相同或高一级。

2. 护坡内层加固修复

对于桩基式护坡结构，往往会出现护坡面（钢筋混凝土或混凝土）完好但护坡内掏空现象，可采用在坡面上打孔（孔径 ⌀ 500 mm，间距 3～4 m），并用水冲法将砂或细石从孔口内灌入进去，将护坡内空隙充填密实，然后进行注浆固结形成整体，最后浇筑混凝土按原样填铺平实。

3. 变形缝修复

护坡结构变形缝的修复参见第 6 章有关内容进行实施。

4. 临时性应急抢护

当局部岸坡出现冲失、坍塌、坡脚滑失时，根据现场条件，可采用砂、石、土袋进行压盖抢护，控制险情发展（图 8-5、图 8-6）。

具体实施方法为：

（1）先探查坡面下是否存在掏空，以及坡脚处水深情况（可采用竹竿进行探摸），如坡面下被掏空，应先抛填碎石将空洞填实，同时坡脚处采用碎石袋或块石抛填固脚，然后采用袋装土从坡脚处逐步往上进行压盖，压盖范围应超出破坏边缘 1～2 m，厚度不少

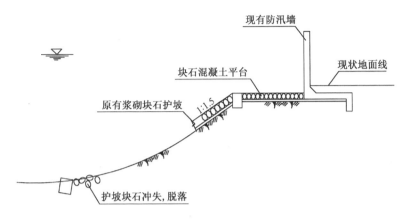

图 8-5 防汛墙临时性应急抢险示意图（出险时）

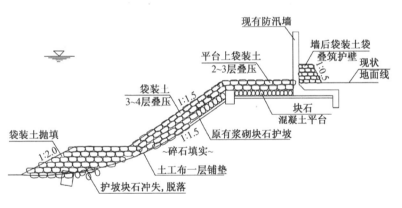

图 8-6 防汛墙临时性应急抢险示意图（抢险加固）

于 2 层并应交错叠压。

（2）如果淘失的坡面为自然土坡面，则应在坡面上先铺设一层土工布，然后再进行压盖。

（3）如果淘失的坡面为块石结构，如遇底部掏空时还可采用铁锤将坡面击破，再辅以碎石将坡面填平，然后再进行压盖。

（4）如果是混凝土坡面掏空，则应采取抛石固脚的方式控制坡面滑落。

（5）抢护时，如遇雨天，则宜采用砂、石袋材料进行作业，不宜采用袋装土进行作业。

（6）护坡抢护时，除坡脚外应尽量避免使用大块石材料，而应采用砂、石、土袋进行压盖，为后续永久修复创造有利的条件。

护坡破坏经临时应急抢护，趋于稳定后，应按相关规定要求进行永久性的加固修复。

第9章

防汛（通道）闸门、潮闸门井的维修及养护

防汛（通道）闸门及潮闸门井是连接一线堤防的重要防汛构筑物，它的安全可靠与防汛墙（堤）同等重要。其特点是非汛期期间或低水位时为开启状，汛期期间根据防汛要求须及时关闭，以确保防汛安全。潮闸门井还承担着解决局部区域排水的功能要求，为此，如有损坏应及时进行维修更换。

常见的防汛（通道）闸门型式有人字门、横拉门、平开门、翻板门等（表9-1）。潮闸门井一般为"双口"型式。

表9-1 防汛（通道）闸门的类型

序号	门型	优　点	常见故障及维修注意事项
1	人字门	① 闸门受力情况类似三铰拱，闸门的弯矩小； ② 闸门结构较轻巧	① 顶部推动闸门的支承条件较差，长期使用，容易发生扭曲变形，以致漏水。 ② 闸门自重全部支承于底枢上，当闸门尺寸较大时底枢顶部容易磨损
2	横拉门	① 操作方便，止水效果好； ② 闸门不易变形	① 闸门行走支承部分受淤卡阻； ② 轨道容易锈蚀
3	平开门	操作灵活，上下节平开门还可根据水位高低采用分节关闭	闸门自重全部由边侧的两个支铰承担，当闸门尺寸较大时门体容易向下变形。
4	翻板门	① 闸门宽度可任意组合，中间无需门墩，操作方便； ② 景观效果较好	① 新型专利门型； ② 使用周期不长，有待时间进一步检验

9.1 防汛(通道)闸门及潮闸门井损坏的种类与原因

9.1.1 防汛(通道)闸门及潮闸门井损坏的种类

防汛(通道)闸门及潮闸门井的损坏除了设计不当、施工质量差或管理不善等方面的原因外,最主要的是使用过程中不规范操作所造成(图 9-1)。目前,上海沿江、沿河共有 1 500 余道防汛(通道)闸门及 1 200 余只防潮拍门。

(a) 闸门墩损坏严重

(b) 闸门锈蚀,铰链、止水带损坏老化

(c) 闸门底板锈蚀严重

(d) 闸门门体锈蚀严重

图 9-1 防汛(通道)闸门损坏实例照片

正确有效的规范操作对确保防汛(通道)闸门及潮闸门井的安全运行是非常重要的。常见的闸门损坏类型和原因见表9-2。

表9-2　防汛(通道)闸门及潮闸门井损坏的种类、原因及特征

序号	类　型	原因及特征	备注
1	闸门底板门槛变形	底槛角钢刚度不够,超重车辆进出将门槛压坏、变形	常见于"人字门"
2	闸门门槽损坏、预埋轨道锈蚀	门槽内长期积水,杂物淤积导致轮轨锈蚀,闸门无法关闭	常见于"推拉门"
3	闸门零部件损坏、缺失	使用单位管理不到位,闸门关闭时发现配件不足	
4	闸门门体变形、止水带老化	养护维修不到位;闸门门体变形,止水带老化失效起不到止水作用	普遍问题
5	门墩损坏	车辆进出闸口时操作不当,外力撞击门墩,致使闸门墩外包角钢变形,混凝土脱落损坏	
6	潮闸门井无法正常启闭	井底有异物未及时清理,设备未正常维修养护,造成潮闸门无法正常启闭	常见问题
7	防汛潮拍门缺失或失灵	管理不到位:未及时更换维修,潮拍门失灵造成潮水倒灌	

9.1.2　防汛(通道)闸门及潮闸门井损坏的原因

防汛(通道)闸门及潮闸门井损坏的原因有以下几方面:

(1) 设计方面原因

设计对使用工况考虑不周全,如:有运输功能的防汛(通道)闸门,其门槛、门墩、门槽等部位未进行特殊处理有效加强,致使这些部位常常出现损坏的情况。

(2) 施工方面原因

① 未按设计要求进行施工;

② 使用材料质量不符合设计要求。

(3) 管理运行方面原因

① 使用单位管理制度不健全、不严格；

② 对局部损坏及缺陷没有及时进行处理，以致缺陷逐步扩大。

9.2　防汛(通道)闸门及潮闸门井的安全检查

防汛(通道)闸门及潮闸门井的检查同堤防巡查一样应常态化，汛期期间当闸门遭受到重大损坏无法关闭影响到防汛安全时，则要进行临时抢护。

9.2.1　检查与观测的主要内容

(1) 闸门门槽是否堵塞、门底槛是否损坏；

(2) 闸门止水带是否老化、变形；

(3) 闸门连接部件是否锈蚀；

(4) 闸门配件是否齐全；

(5) 闸门门体是否变形，开、关是否灵活；

(6) 闸门墩是否损坏；

(7) 潮闸门有无缺失或失灵；

(8) 闸门井设备是否正常运行；

(9) 闸门井门槽及管道口有无异物堵塞。

9.2.2　检查与观测方法

(1) 直接观测检查：对损坏重点部位可拍摄照片。

(2) 清理检查：经常清理闸口淤积物、积水等，避免腐蚀，保持清洁完好；对潮闸门井经常用竹篙、木杆进行探摸，遇有块石、杂物应及时清理。

(3) 检查时应做好记录和状况描述。

9.3 防汛(通道)闸门设施损坏的修护

9.3.1 维修养护原则

经常养护,汛前维修,汛后检查,达到防汛(通道)闸门正常使用的条件,确保防汛安全。

9.3.2 钢闸门维修

钢闸门每年油漆一次(非汛期进行)。

钢闸门维修如涉及门叶拆卸或整修时,须先在闸口附近搭设好闸门搁置平台。平台高度约 40 cm,平面尺寸大于单扇闸门约 50 cm。材料:型钢。平台搭设数量视钢闸门维修数量、维修时间节点要求以及场地条件确定。

1. 闸门底槛修复

问题:门槛破损、变形、无法止水。

修复技术要求:

(1)将原有门槛两侧各 50 cm 左右的底板凿除,凿除深度约 20 cm,凿出钢筋保留,同时凿除面必须清除干净。

(2)新埋设的闸门底槛预埋件及钢筋必须与原有底板凿出钢筋焊接连成整体。

(3)闸门底槛以及闸门顶、底枢、轮轨定位按照总体图平面位置进行放样,同时还须按照现场钢闸门的实际尺寸进行最后核定。

(4)闸门底槛凿除前,必须将原有闸门进行关启检验,以确定闸门底槛的正确位置,避免造成闸门无法关启。

(5)根据现场实际情况,可调整底槛踏板厚度 $\delta \geqslant 12$ mm,钢翻板厚度 $\delta \geqslant 15$ mm,沟槽盖板厚度 $\delta \geqslant 15$ mm。

(6)混凝土等级强度 $\geqslant$C30。

2. 闸门门体修复

闸门门叶构件锈蚀严重时,一般可采用加强梁格为主的方法加固。面板锈蚀严重部位可补焊新钢板加强。新钢板的焊接缝应在梁格部位。另外,也可试用环氧树脂黏合剂粘贴钢板补强。

当闸门受外力的影响,钢板、型钢焊缝局部损坏或开裂时,可进行补焊或更换新钢板,但补强所使用的钢材和焊条必须符合设计要求。

门叶变形的应先将变形部位矫正,然后进行必要的加固。门叶矫正办法:在常温情况下,一般可用机械或人工锤击进行矫正。

"问题 1":门体锈蚀、止水带老化、关闭困难。

修复技术要求:

① 门叶:喷丸除锈达到 Sa2.5 级,表面显露金属本色,然后涂二道红丹过氯乙烯防锈漆,一道海蓝环氧脂水线漆,每道干膜 $\geqslant$ 60 μm。

② 门体整形:闸门在关闭位置时所有水封的压缩量不小于 2 mm。闸门安装完毕验收合格后,除水封外再涂一道海蓝色环氧脂水线漆,干膜 $\geqslant$60 μm。

③ 水封:按原规格尺寸配置调换,材料采用合成橡胶,所有水封交接处均应胶接,接头必须平整牢固不漏水,水封安装好后,其表面不平整度不大于 2 mm。

④ 支铰:使闸门达到灵活转动,关闭自如。

"问题 2":钢闸门门叶底部锈蚀严重、关闭困难。

修复技术要求:

① 钢闸门门叶卸除前,必须按防汛标准设置临时防汛墙。

② 施工时应首先将闸门门叶尺寸以及各种配置材料规格经现场量测,确定正确无误后才能将门叶进行下卸。然后将底部一节门叶连同工字钢连接横梁割除。施工中严格按照原有规格尺寸落料,并按钢闸门施工相关规范要求将闸门门叶原样恢复。

③ 钢闸门门叶修复技术要求与上述"问题 1"钢闸门维修技

要求相同。

3. 钢闸门零部件更换

（1）配齐每道闸门的紧固装置,使之达到"一用一备"的安全运行使用要求。

（2）定期对所有闸门零配件及闸门预埋件进行维护保养,使之达到灵活、转动自如。如达不到要求的则予以及时更换。

（3）推拉门开启及关闭时须确保始终有三个支点(顶轮限位装置)支撑于门体上,缺失或损坏时须及时进行增补和更换。

4. 钢闸门接高

闸门顶标高低于防汛设防标高要求 20 cm 以上时,需对闸门接高,接高具体方式如图 9-2。

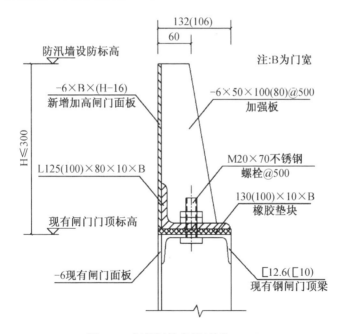

图 9-2　钢闸门接高图(单位:mm)

闸门接高时,原有门顶埋件及连接部件都须随之进行调整。闸门简单接高范围≤30 cm。接高超过 30 cm 时须对原闸门先进行整体安全复核,根据复核结果再确定加高方式。

5. 钢闸门安全检验要求

闸门关闭定位后,高压水枪(水压力 $P=0.12$ MPa)对止水作水密试验 5 min,以止水橡皮缝处不漏水为合格。

6. 钢闸门的使用要求

钢闸门经过维修养护,满足正常使用要求后,在向所在使用单位进行移交时应进行一次现场操作示范,并强调钢闸门相关使用要求。

(1)非汛期期间闸门为开启状,汛期期间闸门根据防汛要求应及时关闭。闸门开启或关闭时,均应由专人负责操作,非专业人员不得随意开启或关闭,以免发生意外和影响防汛安全。

(2)闸门关闭就位后,须按设计要求安装其他各部分的紧固锁定装置,每个张紧器的拉力力求平均,所有橡胶止水带的压缩量不得小于 2 mm。

9.3.3　闸门临时封堵

1. 暂无使用需求的防汛(通道)闸门的临时封堵

闸门封堵具体做法:

(1)将原有底板及两边侧墙面凿除 25 cm,凿出钢筋保留,凿除面清理干净后涂刷混凝土界面剂,以保证新老混凝土结合面连接质量。

(2)封堵墙体厚度为 40 cm,布置双排ϕ14 网格钢筋,间距 200 mm;分布筋ϕ10,间距 200 mm。

(3)原有凿露钢筋与新布置的钢筋焊接成整体,然后立挡模,浇筑 C30 钢筋混凝土墙板与两侧防汛墙连成整体封闭,见图 9-3 和图 9-4。

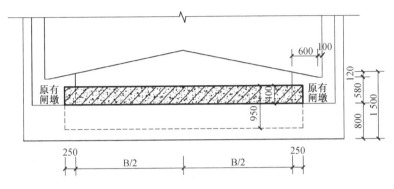

图 9-3 闸口封堵平面图(单位:mm)

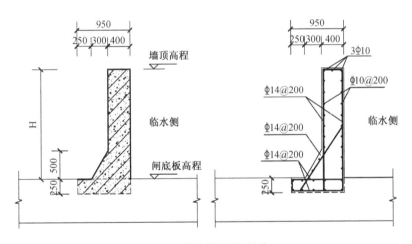

图 9-4 闸口封堵断面图(单位:mm)

2. 临时度汛闸门

临时度汛闸门的做法参照 11.6.3 节。

3. 非汛期钢闸门维修修筑临时防汛墙

非汛期期间,钢闸门维修涉及到门叶拆卸时,根据防汛要求需设置临时防汛墙。临时防汛墙墙顶标高根据《上海市黄浦江防汛墙工程设计技术规定》第 12.3 要求确定(见附录 C)。临时防汛墙

75

具体做法如图 9-5—图 9-7 所示。

图 9-5　临时防汛墙平面图

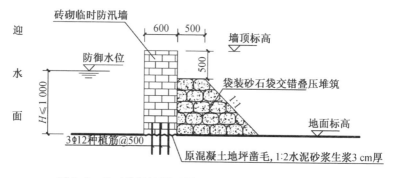

图 9-6　临时防汛墙断面图（A-A，$H \leqslant 1$ m）（单位：mm）

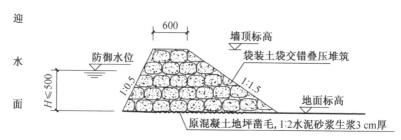

图 9-7　临时防汛墙断面图（A-A，$H \leqslant 0.5$ m）（单位：mm）

(1) 防御水位 H 高于地面≤1 m 时(图 9-6):

① 临时防汛墙采用水泥砖砌筑,砌块容重必须≥16 kN/m³,10 MPa 砂浆砌筑,外周面 1:2 防水砂浆粉面,厚 2 cm。

② 临时防汛墙砌筑前先将混凝土地坪凿毛,种植 3 Φ 12 钢筋@500,然后 1:2 水泥砂浆坐浆厚 3 cm,最后进行墙体砌筑。墙体砌筑完毕后,墙后交错叠压砂石袋加固,边坡 1:1。

如果临时防汛墙砌筑基面为土面,则应在土面下 30 cm 加设宽 80 cm,厚 20 cmC25 混凝土基础,基础浇筑前,基槽必须进行夯实处理。

③ 当防御水位高于地面>1 m 时,墙后砂石袋交错叠筑顶面宽度改为 1.20 m,然后 1:1.5 边坡放至地面。

(2) 防御水位 H 高于地面≤0.5 m 时:

临时防汛墙采用袋装土袋交错叠压堆筑,上口宽 600,边坡:迎水面 1:0.5,背水侧 1:1.5。堆筑时,先将地坪凿毛、清理干净,然后 1:2 水泥砂浆坐浆厚 3 cm。

(3) 临时防汛墙布置在现有防汛墙后侧,与现有防汛墙搭接封闭,砖砌体两端接头处中间采用 100 mm×20 mm 遇水膨胀橡胶带嵌入,外周面采用密封膏封缝。

(4) 施工期间应密切注意气象信息预告及潮位动向,并在闸口附近备足土料和编织袋或袋装砂石袋,一旦遇有紧急情况,应及时对已有临防进行加固培厚,以确保防汛安全。

(5) 堤防工程设施在非汛期维修涉及破墙施工需设置临时防汛墙的,均可参照上述断面形式进行砌筑,如还需设置临时出入口,可参照第 11 章实例六中 11.6.3(1)"临时度汛闸门"实施。

9.3.4 潮闸门井的维护

一般潮闸门井由拍门、闸门及启闭设备等组成,大多采用成套定型产品,在使用过程中设备如发生故障,应请专业维修人员到现场进行维修。平时一般对潮闸门井的维修主要有两个方面,一是对闸门启闭机的维护,二是对闸门井的清理。

1. 启闭机的维护

启闭机动力一般有电动及手动两种,也有手、电两用型,手动启闭机较简单,电动部分需要有相应维护措施。

启闭机动力要求:需有足够容量供电电源(重要的还需有备用电源),良好的供电质量,电动机设备有良好的工作性能。

(1)电动机的日常维护:

a. 保持电动机外壳上无灰尘污物;

b. 检查接线盒压线螺栓是否松动、烧伤;

c. 检查轴承润滑油脂,使之保持填满空腔的 $1/2 \sim 2/3$。

(2)操作设备的维护:

a. 电动机的主要操作设备如闸刀、电源开关、限位开关等,应保持清洁干净,触点良好,机械转动部件灵活自如,接头连接可靠;

b. 限位开关经常检查调整,使其有正确可靠的工作性能,不能经常运行的闸门应定期进行试运转;

c. 保险丝必须按规格准备备件,严禁使用其他金属丝代替;

d. 接地应保证可靠。

(3)人工操作手、电两用启闭机时应先切断电源,合上离合器才能操作,如使用电动时应先取下摇柄,拉开离合器后才能按电动操作程序进行。

2. 潮闸门井的维护

(1)闸门井清理:为方便闸门安全启闭,应定期对闸门井进行清理,清除井内淤积的垃圾、杂物等,特别是拍门、闸门口的卡阻物。为防止杂物卡阻,除了加强管理和检查清理外,可结合具体情况,采取防护保护措施,如在闸口外设置栏污网截污。

(2)井盖修复:闸门井井盖发生缺失或损坏时须予以及时修复,以确保闸门井安全运行,为方便闸门井检修,一般在井口采用钢筋混凝土由多块预制板组成盖板,方便人工搬动。

a. 首先现场采集盖板尺寸(长×宽×厚),板与板之间需留

1 cm 空隙,以方便安装嵌入;

b. 然后立挡模,浇筑 C30 盖板,板中主钢筋φ 10～φ 12@150,分布钢筋φ 8@200。

c. 为方便人力安装检查,常用的预制板尺寸:板宽 20～30 cm,板长～140 cm,板厚 8～10 cm。

(3) 闸门外侧护坡损坏修复可参照 8.3 节处理方式进行修复。

(4) 闸门井管道损坏修复可参照 7.3 节处理方式进行修复。

3. 潮闸门井的临时封堵

当潮闸门井在汛期出现故障,无法正常使用,经有关部门协调同意需进行临时封堵时,其封堵方法参照 11.8 节实例四方式进行。

4. 潮拍门的修复

设置在沿江、沿河防汛墙(堤)上的潮拍门常见的有 300 mm,450 mm,600 mm,800 mm 四种规格,均为定型产品,玻璃钢材质。由于潮拍门位置处于临水侧,并无安全保护装置,为此,外力撞击,水流冲刷,安装不到位等都会对潮拍门产生损坏影响,其中外力撞击是损坏的主要原因。

发现潮拍门损坏后,必须予以及时修复,以避免潮水倒灌。修复方法如下:

(1) 根据排放口尺寸定购相应规格的型号拍门。

(2) 将原有损坏的拍门拆除,按产品要求重新安装拍门。

(3) 如果原有拍门底座位置经多次调换,墙体表面出现破损情况时,应首先将所有破损的混凝土凿除并清理干净,随后采用环氧砂浆修补平整。同时对管口外周进行止水修补,封堵渗水通道,然后在底座螺栓孔位置采用种植筋方式,埋置相应规格的地脚螺栓,锚固锚定底座,植筋深度≥15 cm。

9.3.5 防汛(通道)闸门应急抢护

防汛(通道)闸门在汛期因故发生故障,无法正常运行,影响到防汛安全,需进行临时应急抢护。

抢护方式:

(1)参照 9.3.3 节的施工方式对通道闸口进行临时封堵。

(2)在闸口浇筑临时防汛墙。参照 11.6.3 节中临时度汛闸门施工方法。

上述两种抢护方式,应根据现场实际情况进行选取。

第10章

其他防汛设施的修护

10.1　防汛通道修护

防汛通道是防汛抢险、日常检查以及维修养护的专用通道，防汛通道平行于防汛墙布置，并与防汛墙建设同步实施。利用墙后市政道路作为防汛通道或墙后直接为市政道路的岸段，其道路的管理与养护由相应的市政道路养护部门负责进行。

防汛墙通道布置的型式一般由道路及绿化带组成。道路宽度≥3.0 m，道路与绿化带之间以混凝土平、侧石分隔，道路表面设有1‰单向排水，墙后无排水出路的，需设置排水明沟，将地面水排入江、河内。通常防汛通道道路由混凝土及沥青混凝土两种结构型式。

10.1.1　混凝土路面的修护

防汛通道采用混凝土路面型式的，其道路结构层通常从下至上由土路基（压实度＞0.90），15 cm 碎石垫层，15 cmC30 混凝土面层组成。如果防汛通道兼作市政道路，则结构层应根据市政道路等级要求设置。

1. 混凝土路面破坏型式和原因

在日常运行中，混凝土路面出现的破坏形式通常主要表现为：

（1）边角破坏；

（2）表面跑砂，骨料松散暴露；

（3）表面裂纹、裂缝、断裂。

形成上述破坏的主要原因为：

（1）边角区域由于应力集中，极易造成掉边、掉角的破坏；

（2）表面由于浇捣和养护的问题造成破坏；

（3）地基土不均匀沉降，造成混凝土板块断裂破坏。

这些破坏在初期虽然不会影响道路的通行和使用，但不进行合适的修补会更加严重，直到影响正常通行。

2. 路面的修补

道路建筑行业已研发出了相应路面的技术修补对策，可以通过市场按所需要求直接进行选购，并按产品操作要求进行施工，即可达到修补要求。

混凝土路面修复材料选用：

（1）HC-EPM 环氧修补砂浆：主要用于边角破坏、表面破损、孔洞、小面积掉皮、露骨的修补。

（2）HC-EPC 水性环氧薄层修补砂浆：主要用于表面缺陷的薄层，如跑砂、骨料裸露的修补。

（3）HC-M800 水泥路面裂缝修补胶：专门用于路面裂缝的修补。

3. 混凝土路面大面积损坏的修复

（1）混凝土路面如出现断裂、错位、大面积破损现象时，有可能存在排水、路基不实等问题，修复时应事先摸清原因，先解决外部存在原因，最后再修复路面。

（2）混凝土道路修复技术要求：

① 路基土采用轻型击实标准，基土面不得有翻浆、弹簧、积水等现象。压实度＞0.90。

② 碎石垫层压实干密度不小于 21 kN/m³。

③ C30 混凝土面层浇筑。

a. 混凝土面层浇筑不宜在雨天施工。

b. 低温、高温和施工遇雨时应采取相应的技术措施。

c. 缩缝采用锯缝法成缝,间距 4～5 m,缝宽 5～8 mm,缝深 5 mm。如天气干热或温差过大,可先隔 3～4 块板间隔锯缝。然后逐块补锯。

d. 缩缝锯割完成后,必须进行清缝。最后灌注沥青料进行封缝。

4. 修复注意事项

(1) 冬季施工

a. 平均温度低于 0℃,禁止施工。

b. 混凝土浇筑时气温不低于 5℃。

c. 1～2 层草包养护,兼隔湿和湿治之用,如突来寒潮流,再加保温膜养护。

(2) 夏季施工

a. 当白天气温大于 30℃时,加快施工速度,必要时加缓凝剂。

b. 1～2 层草包及时覆盖,湿治养生。不得烈日直射、暴晒刚竣工的面层。

c. 当气温过高时,应避开午间施工。

10.1.2 沥青混凝土路面的修复

采用沥青混凝土路面修筑防汛通道的,其道路结构层通常从下至上由土路基(压实度＞0.9),15 cm 砾石砂垫层,30 cm 粉煤灰三渣基层,6 粗 4 细沥青混凝土面层组成。防汛通道兼作市政道路,则道路结构层应根据市政道路等级要求设置。

1. 沥青路面破坏型式和原因

沥青路面在使用期内开裂,是目前普遍存在的问题。路面裂缝的危害在于从裂缝中不断进入水分使基层甚至路基软化,导致路面承载力下降,产生台阶,网裂加速路面破坏。

沥青路面开裂的主要原因为:

(1) 横裂缝:沥青面层温度收缩以及车辆超载致使沥青面层

产生裂缝。一般认为这种裂缝不可避免,经裂密封缝修补后对路面的整体性没有损害。

(2)纵裂缝:纵向裂缝可分为两种情况:一种情况是由路基压实度不均匀,路面不均匀沉陷而引起,如发生在半填半挖处的裂缝。另一种情况是沥青面层分幅摊铺时,两幅接茬处未处理好,在行车荷载作用下,易形成纵缝。有时,车辙边缘也会有纵裂缝。

(3)龟裂:龟裂又称网裂,通常是由于路面整体强度不足、基层软化、稳定性不良等原因引起的。沥青路面老化变脆,也会发展成网状裂缝。一般多发生在行车道轮迹下。

在路面一开始出现早期裂缝时,及时采取修补措施,将有效避免裂缝继续蔓延,防止水分渗入路基,避免路面病害进一步恶化。在平时养护中,做到见缝就封,及时修补可延长路面的使用寿命。

2. 沥青路面修补

(1)修补材料

修补材料为 Bituseal2000 沥青路面裂缝修补密封胶(单组份热施工橡胶沥青密封胶),其性能指标如表 10-1 所示。

表 10-1　性能指标

序号	项目名称	单位	技术指标	性能指标	
				Bituseal2000T	Bituseal2000D
1	针入度	0.1 mm	＜90	70	75
2	弹性复原率	％	≥60	75	80
3	流动度	mm	＜2	1.2	1.5
4	(−10℃)拉伸度	mm	≥15	18	22
5	灌入温度	℃	/	195±5	195±5

(2)施工工艺流程

施工工艺流程如图 10-1 所示。

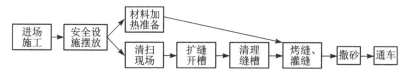

图 10-1　沥青路面修补施工工艺流程

（3）修补设备、用具

沥青路面修补设备、用具如表 10-2 所示。

表 10-2　沥青路面裂缝修补设备、用具一览表

序号	设备名称	序号	设备名称	序号	设备名称
1	路面开槽机	5	森林风力灭火机	9	路用安全反光标志服
2	车载式灌缝机	6	钢丝刷	10	施工车辆
3	电动式灌缝机	7	安全指示标示牌	11	发电机
4	路用警示锥	8	无明火热烤缝机	12	空气压缝机

（4）裂缝处理

① 扩缝：沥青路面的裂缝修补须进行扩缝处理，采用裂缝跟踪切割机，沿路面裂缝走向进行开槽，开槽深度 1.5～3 cm，宽度 1～2 cm。

② 刷缝：用钢丝刷刷缝两侧，使缝内无松动物和杂物。

③ 吹缝：采用高压森林风力灭火机进行吹缝，将缝内杂物吹干净，一般需吹 2 遍。

④ 材料准备：将材料放入灌缝机的加热容器内，开机调试确定加热温度。

⑤ 灌缝：待自动恒温灌缝机内的材料达到使用温度，打开胶枪，把胶枪内剩胶清除。待新胶出来时，将枪头按在接缝槽上，把密封胶灌入缝内。灌缝完成后在密封胶面上均匀撒上砂粒。

（5）施工要点和注意事项

① 灌缝时密封胶高出路面 1～2 mm，胶体在接缝两边向外延伸各 5 mm，可以延长裂缝修补使用期。

② 施工温度:施工温度是造成密封胶脱落的原因之一。影响施工温度的因素主要有两个:

a. 季节因素。路面潮湿和温度低于 4℃就会降低密封胶的黏结力,必须采用无明火烤缝设备预热槽口。

b. 机械因素。在施工过程中,机械显示器显示温度如不能及时、准确地反映加热罐内胶体的温度,也会影响密封胶的黏结力。

③ 开槽的宽深比。开槽的宽度比为 1∶1.5 是较为合理的路面接缝密封设计,也即当开槽宽为 1 cm 时,槽深 1.5 cm。路面接缝由于行车等原因和建筑接缝的最佳宽深比为 2∶1 是有差别的。

④ 密封胶加热。裂缝修补密封胶必须采用导热油内胆间接加热设备进行,以免其他加热方法过热加温,引起材料性能下降。

密封胶不宜在恒温加热设备内多次重复加热,一般重复加热次数不超过三次。

⑤ 安全注意事项:

a. 施工时必须做好防护准备,配备手套、口罩、眼罩等,以防烫伤。热物料溅上皮肤,应立即冷却降温清除,同时涂抹烫伤油膏,施工时禁止吸烟。

b. 容器和工具必须即时清理。

3. 沥青路面大面积损坏的修复

沥青路面出现较大面积损坏,如凹凸不平,地面开裂、台阶等现象时,可以确定路基部分已遭受进水破坏,修复时须从底部做起,具体做法为:

(1) 首先将已损坏的道路路面及路基层挖除,夯实土路基,环岛法检测地基土压实度不小于 0.90,如不满足则需进行地基加固。同时在道路两侧开沟引流,降低地下水。

(2) 随后 15 cm 砾石垫层铺筑压实,平整度不大于 2 cm,压实干密度不小于 21.5 kN/m³。

(3) 垫层验收合格后,铺筑 30 cm 厚粉煤灰三渣基层,也可采用 5%(体积比)水泥稳定碎石替代。

（4）当路基弯沉值满足 $Lo \leqslant 54.6(0.01 \text{ mm})$ 后，砌筑路缘石最后铺筑 6 粗 4 细沥青混凝土面层。

修复注意事项：

（1）基层表面应设置排水坡以防积水。

（2）基层碾压完成后，即应开始湿治养生，遇干热夏天须每天洒水。湿冷季节如表面未干燥泛白，可不洒水。

（3）弯沉值指标不合格者，不得铺筑面层。

（4）面层铺筑如遇雨天应及时通知厂家，停止供料及施工。

（5）气温在 0℃～10℃ 的冬季，少风时可抢工铺筑，但须要求沥青混合料出厂温度升高 10℃，并采取有效的保温措施后，才能进行。送到工地时温度控制不小于 140℃，摊铺温度不小于 125℃，开始碾压温度不小于 110℃，碾压终了温度不小于 70℃。

防汛通道采用沥青路面结构型式的，道路两边侧排水问题是首要解决的问题，无论是施工期还是完成后的运行期，均要保持道路周边良好的排水工况，以延长道路的使用寿命。

10.1.3　防汛通道内绿化修护

防汛通道内绿化由专门堤防绿化养护单位进行管理养护，绿化养护要求参见本章 10.5 节。

10.1.4　连接防汛通道上的桥梁修护

1. 桥梁损坏的类型及原因

常见的桥梁损坏有以下几个方面：

（1）桥面局部损坏；

（2）桥梁护栏损坏、缺失；

（3）桥面变形缝损坏；

（4）桥台护坡局部损坏；

形成上述桥梁损坏的主要原因为：

（1）平时养护管理不到位，年久失修；

（2）桥面宽度较窄，过往车辆撞击；

（3）桥位选址不当，靠近河口，岸坡桥墩易受冲刷。

2. 桥梁修护

（1）桥面局部损坏，按 10.1.1 节，10.1.2 节要求进行修复。

（2）护栏损坏、缺失，变形缝损坏修复调出原有设计图纸，按原有设计图纸要求进行恢复。

（3）桥台护坡局部损坏修护，参照 8.3 节中填补翻修的方式进行修复。

（4）桥接坡损坏修复，根据原有接坡结构参照 10.1.1 节及 10.1.2 节方式进行修复。修复时，如路基有问题，应先修复路基层，压实度＞0.90 时方可进行上部结构施工。路基修复要求参见附录 A.1。

10.2 堤防里程桩号与标示牌的修护

堤防里程桩号与标示牌是堤防管理工作中设置的不可缺少的一个重要标示。堤防工程基本建设完工后，由堤防管理部门按规定统一进行布设。

10.2.1 堤防里程桩号与标示牌维护工作的基本要求

（1）常态化养护管理；

（2）自始至终保持标示牌的完整无损。

10.2.2 堤防里程桩号与标示牌的制作要求

1. 堤防里程标示牌的制作要求

所有里程牌按统一规格制作如下：

材质规格：玻璃钢（聚酯纤维）材料。

尺寸大小：长 400 mm，宽 200 mm，厚 8 mm。

颜色布局：上部银灰底（40 cm×15 cm）蓝字，下部绿底（40 cm

×5 cm)白字。

字体字高:统一为标准黑体字。第一行字高 5 cm;第二行字高 3 cm;第三行字高 2.5 cm(上述字高仅供参考,请根据版面适当调整)。

Logo 设置在下部绿底区域右下角,白字。

四角距边缘 10 mm 位置,各开一个直径 4 mm 小孔,以作为螺钉固定安装孔。

安装钉子规格:长 5 cm 不锈钢锚钉,钉帽 8 mm,打入墙体内 4 cm。安装好后,钉帽须用专门的材料胶封闭以防锈蚀。

标示牌设计样式效果如下:

(1)黄浦江干流公里标示牌

黄浦江干流公里标示牌如图 10-2 所示。

图 10-2　黄浦江干流公里标示牌

(2)黄浦江支流公里标示牌

针对各条支流公里牌,设置原则拟定如下:

a. 对于支流 00+000 公里牌,牌上内容标注为该支流位于其上级河流位置对应的里程,如:蕴藻浜左(右)岸 00+000 公里对应其上级河流黄浦江里程为黄浦江左岸 02+699 公里,则牌上首行标注"黄浦江左岸:02+699",第二行标注"蕴藻浜左岸:00+000";北泗塘左(右)岸 00+000 公里对应其上级河流蕴藻浜里程为蕴藻浜左岸 02+083 公里,则牌上首行标注"蕴藻浜左岸:02+083",第二行标注"北泗塘左岸:00+000"。

b. 对于支流 01+000 以后的公里牌,参照黄浦江干流公里牌格式进行标注。

c. 上游段将其视为黄浦江支流处理，如遇特殊位置如红旗塘左岸 00+000 位置则分别各设置一块里程牌，以示区分。

2. 河道标示牌的制作

设置于堤防沿线的标示牌其规格尺寸，根据河道等级要求进行制作设置。材质规格：铝合金板，厚 1.5 mm。

标示牌样式效果如图 10-3 和图 10-4 所示。

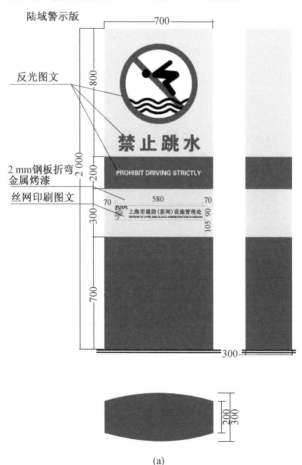

(a)

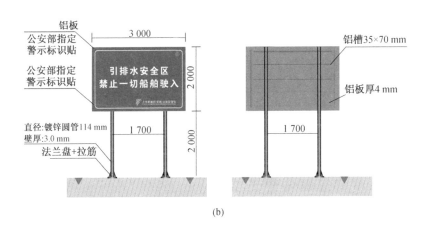

(b)

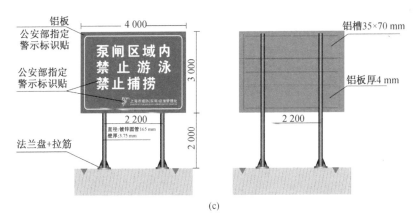

(c)

图 10-3　河道警示标示牌样式效果图(单位:mm)

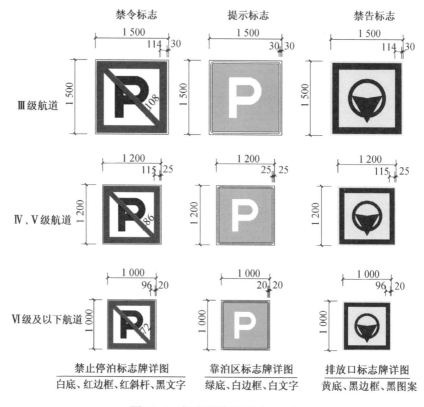

图 10-4 标志牌详图(单位:mm)

10.2.3 堤防里程桩号与标示牌的设置方式

堤防里程桩号的设置方式通常有附着式和埋桩式两种方式。

1. 附着式

适用于防汛墙(堤)顶高于地面 50 cm 及以上的岸段。

安装方式:标志牌直接安装在墙上,用直径为 5 cm 安装钉固定标牌,植入墙体 4 cm。必要时视现场情况背面加硅胶或强力胶水等固定,主要是做好每一个细节,把好质量关。标示牌统一安装在墙口以下 20 cm 里程对应位置。

2. 埋桩式

适用于防汛墙（堤）顶面低于 50 cm 及部分无直立防汛墙的岸段。

安装方式：预先预制好 C30 混凝土桩，桩的规格为宽×厚×高＝50 cm×20 cm×90 cm，将水泥桩埋入地下 40 cm，地上露出 50 cm，再将相应里程标志牌用钢钉固定在水泥桩上（图 10-5）。标志牌正面朝外，以方便巡视检查。埋设后的效果见图 10-6。

局部景观地段，如相关管理部门有特别要求，可根据需要特别制作大理石、不锈钢、铜板等材料的专用标志牌，并根据与现场要求相匹配的样式定制安装，以保证现场环境美观相统一。

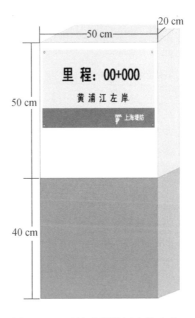

图 10-5　埋桩式岸段标志牌安装

(a)

(b)

图 10-6　埋桩式岸段标志牌安装

标示牌的设置方式有附着式和立杆式两种。

（1）附着式：根据所需要求，标示牌可直接安装在墙的正、背面或者墙顶上。安装方式：与附着式堤防里程桩号安装方式相同，但安装在墙顶面时，须加设不锈钢支承架进行固定。

（2）立杆式：标示牌设置于墙后，具体做法如图 10-7 所示。

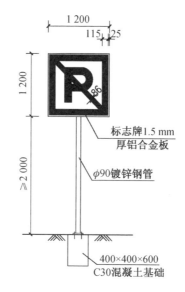

图 10-7　禁止停泊标示牌详图（单位：mm）

（白底、红边框、红斜杠、黑文字）

10.2.4　堤防里程桩号与标示牌的维护

（1）对里程桩号标志牌及标示牌进行定期清洁维护。

（2）对现有堤防上标示的不规范标记、标示进行统一清理。

（3）里程桩号更新时，新桩号设定后，应同时将老桩号标示清除。

（4）配备足够的备用辅件，以备随时更换。

10.3 堤防贴面修护

10.3.1 面砖损坏的种类和成因

防汛墙面砖饰面虽然较普通粉刷饰面有较长的耐久性,但由于长期暴露于大气中,受大气中阳光、水分、温度及各种有害气体、杂质等各种物理及化学因素的影响,造成饰面砖损坏或功能衰退。镶贴质量不好,造成局部或大面积的空鼓,严重时面砖脱落。

面砖的损坏种类分析:

1. 面砖开裂和面砖与黏结层(找平层)起壳(面层)

面砖在使用过程中,在面砖的勾缝中有一定的孔隙,粘贴砂浆可以吸入水分,有时甚至渗入至括糙层,而面砖因经过上釉及烧制,其孔隙率较小,故含水率也较小。在其括糙层中的水分,遇到气温降低冻结后体积膨胀,对材料孔隙壁产生很大压力,此时由于括糙层与面层的含水率不同,膨胀也不同,互相之间产生应力,经反复冻融后,会使面砖与括糙层起壳,甚至脱落。

此外,防汛墙因受力不均,如地基沉降不均引起墙体变形、位移、裂缝等。这些变形与振动可能使饰面,特别是刚性饰面受到损伤。有些面砖因防汛墙体裂缝而使面砖开裂。

2. 糙面与基层起壳(底壳)

多数建筑材料都会有一定的可溶性游离盐、碱、镁、钾、钠、钙等金属类化合物。在墙体材料中原来含有水分或在施工及使用条件下有外部进入的水分,能使均匀分布的盐碱溶解,并使之随同水分的散发而向外侧运动。由于水的向外运动和蒸发作用,盐分一般都在墙体表层附近积聚和结晶,当墙体的外侧有装饰面层时,盐析结晶的膨胀破坏力就作用于装饰面层,使装饰面层与基层间分离,起壳。

3. 大气中有害气体的腐蚀

城市上空,特别是工业区的大气中含有各种有害气体,如二氧化碳、二氧化硫等,在大气条件下遇水会形成硫酸、碳酸或硝酸,对碱性无机饰面材料有腐蚀作用,生成溶于水的硫酸钙、碳酸钙等使表面脱落。

10.3.2 面砖损坏的维修

1. 墙面及面砖开裂的修补

由于墙面自身收缩而出现的裂缝并延续到面砖上,这类裂缝不但要拆换损坏的面砖,还要用环氧树脂修补墙面裂缝。

(1) 把有裂缝的面砖凿除,同时检查裂缝,如裂缝仍向墙底延伸,则需沿裂缝再把面砖凿除,凿至防汛墙面即可。

(2) 在裂缝处用扩槽器或钢凿扩成沟槽状。

(3) 用气泵清除修理面上的浮尘。

(4) 待干燥后,在裂缝沟槽上涂灌缝用的环氧树脂。

(5) 有裂缝的部分需先钻孔,钻孔的直径 3～4 mm,两孔的间距可视裂缝宽度而定,缝宽可离开一点,否则则近一点,一般 5～10 cm。

(6) 用较稠的环氧树脂腻子填嵌沟缝,留出钻孔的位置。环氧树脂腻子配方见表 10-3。

表 10-3　环氧树脂腻子配方(重量比)

名称	6010 环氧树脂	乙二胺	二甲苯	邻苯二甲酸二丁脂	滑石粉
用量	100	8～10	20～25	10	70～100

(7) 然后注入环氧树脂。注入的环氧树脂浆配合比可视裂缝宽度而定。下面列出几个参考配方供选择使用(表 10-4)。

(8) 参照上述挖补法重新铺贴面砖。

表 10-4　环氧树脂浆液参考配方(重量比)

组成序号	6101环氧树脂	乙二胺	丙酮	二甲苯	690溶剂	304聚酯树脂	裂缝宽度(mm)
1	100	8	30				0.3~0.4
2	100			30			0.5
3	100	8			30		0.6~1.0
4	100	10		15		5~10	1.0~1.5

2. 局部面壳及局部面砖损坏挖补修理法

面砖与括糙层脱离,并且面砖表面亦有损坏,可采用挖补法修理。

(1)表面损坏的面砖可用直观法确定修补范围。起壳的面砖检查可用小铁锤轻轻敲击墙面,确定修补的范围,并用粉笔划出。一般修补范围的边缘尽可能确定在原面砖分格处,如直接在平面上接缝,施工时不易与原面砖的平面贴平,另外,新修补的面砖与旧面砖尺寸上的差异经分格后,能稍许掩盖一点。

(2)用钢凿凿去起壳的面砖及括糙层。边缘要凿得轻一点以免使没有起壳的面砖损伤、起壳。

(3)修补及清理基层,清除基层残余粉刷,浇水润湿。

(4)括糙,用 1:3.0 水泥砂浆括糙,混凝土墙面可用 1:0.5:3.0 混合砂浆,厚度视原括糙层厚度而定,如厚度超过 20 mm 时括糙应分层隔天完成。糙面用木抹压实搓平,并且划毛。浇水养护 1~2 d 后方可镶贴面砖。

(5)根据原墙面分格,弹线分格分段,粘木引条。比较新旧面砖的尺寸,如新面砖略大,可把面砖蘸水在旧砂轮上打磨,直至尺寸合适。如新面砖尺寸偏小,可把分格缝做得适当宽一点。裁砖可用砂轮或手提电动圆锯切割。

(6)做灰饼。如镶贴的面积较大时,要用旧面砖做灰饼,找出墙面横竖标准,其表面即为镶贴后的面砖表面。一般灰饼间距为 1.50 m。小面积修补可不做灰饼。

（7）贴面砖。面砖镶贴前应在清水中浸泡 2～3 h 后阴干备用。先按第一皮面砖下口位置线粘好引条，然后自下而上逐皮铺贴。铺贴时，在背面抹混合砂浆（水泥∶石灰膏∶砂＝1∶0.2∶2.0）厚约 12～15 mm，贴上墙后，调拨竖缝，用小铲把轻轻拍击，使之与糙面黏结牢固，并用靠尺、方尺随时找平找方。粘贴也可以采用在砖背面抹掺 20% 的 107 胶水的水泥砂浆（水泥∶砂＝1∶1，砂要过窗纱筛），厚约 3～4 mm，但这种方法对括糙面的平整度要求更严。

（8）木引条应在镶贴面砖次日取出，并用水洗净继续使用。

（9）面砖铺贴 1～2 d 后，即可进行分格缝的勾嵌，用 1∶1 水泥砂浆勾缝，先勾水平缝，再勾垂直缝。缝的形式、深浅可参照原有缝子的勾法，勾缝可二遍操作，使灰缝密实不发生起壳。如垂直缝为干挤缝或小于 3 mm 时，可用白水泥配与面砖同色进行擦缝处理。

（10）待缝子硬化后，面砖表面应清洗干净，如有污染，可用浓度为 10% 的稀盐酸擦洗干净，再用水冲净。

3. 面壳的灌浆修理法

面砖与括糙层已脱离，但表面完好，可不挖补，而采用灌浆法修理。

（1）用小锤轻轻敲击面砖，确定起壳范围。

（2）确定钻孔位置，一般每平方 16 个孔。

（3）钻注入孔，孔径 8 mm，深度只要钻进基层 10 mm 即可。

（4）用气泵清除孔中粉尘。

（5）待孔眼干燥后，用环氧树脂灌浆。起壳的面砖与括糙层之间的缝隙一般在 0.5～1.0 mm 之间。其配方参见环氧树脂配比表。

（6）把溢出的环氧树脂用布擦干净。

（7）待环氧树脂凝固后，用 1∶1 水泥砂浆封闭注入口。

4. 糙面与基层脱离（底壳）的修理

在面砖修理中，有很大一部分面砖表面完好无损，面砖与糙面也黏结良好，但糙面与基层脱离后，吸附力也消失，这时括糙层与面砖的自重全部承受在下层未起壳的面砖上，如果下层未起壳的糙层与基层之间没有足够大的吸附力来支撑这重量,则会使下层也与基层脱离,这样反复影响下去,直至脱落。"树脂锚固螺栓法"就是把起壳部分产生的向下剪力由钢螺栓承受,向外的拉力依靠环氧树脂的黏结强度由钢螺栓传至基层。

(1)用小铁锤确定修理范围(一般底壳比面壳声低沉)。修理范围可由底壳边缘再向外放出 20～30 cm。

(2)在墙上定出钻孔的位置(布点)。布点原则可视面砖尺寸大小而定,做到既不太密也不太疏,一般每平方 8～16 个为宜,以错缝排列为例,横缝可间隔钻孔,同一横缝上的孔眼,当面砖尺寸较小时隔开 4 块砖,但面砖尺寸较大时隔开 2 块砖。

(3)钻孔。用电钻或冲击钻钻孔,钻孔时钻头要向下成 15°倾角,以防灌浆时,环氧树脂向外流出。钻头必须钻进基层 3 cm,钻孔直径可根据选用的螺栓大小而定,一般比螺栓直径大 2～4 mm。

(4)清除孔眼中的粉尘。孔洞内粉尘用压力 6～7 kg 的压缩空气清除,除灰枪头应伸入孔底,使灰尘随压缩空气由孔洞溢出。孔洞表面的灰尘不清除,会因为浸润不良而降低黏结力。如墙面较湿,必须待完全干燥后方能灌浆。孔眼清除完毕后,如不立即灌浆,则必须用木塞堵紧,以防止灰尘与水分侵入。

(5)调制环氧树脂浆液。灌浆用的环氧树脂配方见表 10-5。浆液中填充料水泥主要作为主骨料,必须洁净、干燥,其使用量可视施工情况适当调整。当室温低于 20℃ 时,环氧树脂黏度较大,不易调匀,可将环氧树脂隔水加温后取用。

表 10-5　环氧树脂腻子配方(重量比)

名称	6010 环氧树脂	邻苯二甲酸二丁脂	590 固化剂	水泥
用量	100	20	20	80～100

(6)灌浆。灌浆采用空压树脂枪,为了使孔内树脂饱满,灌注时枪头应伸入孔底,慢慢向外退出。

(7)放入螺栓。螺栓的直径可视每平方米布点的只数和面砖与粉刷层的总厚度由表 10-6 查得。螺栓用普通螺栓锯掉螺帽改制,也可用钢筋在工地上现铰螺纹。铰螺纹的目的是增加螺栓的表面积,使螺杆不易被拔出。螺杆的长度可根据面砖及糙层的厚度而定。螺栓放入前必须用钢丝刷把铁锈刷净,并用干净的布擦净表面油脂。螺栓放入前表面应先涂抹环氧树脂浆液。为了使螺栓黏结牢固,螺栓应慢慢旋入孔内。插入螺杆后,即把溢出的环氧树脂用布擦干净。

表 10-6　饰面砖修理选用的螺栓直径(mm)

每平方米布点数 \ 螺栓直径(mm) \ 总厚度(mm)	30	35	40	45	50	55	60
8	6	6	6	8	8	8	8
9	6	6	6	6	6	8	8
10	6	6	6	6	6	6	8
11	6	6	6	6	6	6	6
12	6	6	6	6	6	6	6
13	4	6	6	6	6	6	6
14	4	4	6	6	6	6	6
15	4	4	6	6	6	6	6
16	4	4	4	6	6	6	6

(8) 待环氧树脂灌入 2～3 d 后,用 107 水泥砂浆掺色把孔填密实,以免受潮后铁生锈膨胀。107 水泥砂浆配合比为 1:3.0。

(9) 每天施工完毕后,应将所有工具用丙酮或二甲苯反复擦洗干净,以免树脂固化后工具报废。

5. 改做仿面砖的修理法

在面砖修理中,常会遇到面砖损坏严重,但又没有相同规格的面砖用于修补。可采用"仿面砖法"修补饰面,以保持外立面的风格统一。

（1）用铲刀、钢凿凿除损坏的面砖。

（2）清除基层面上的残余粉刷，并用水润湿透彻，以便括糙灰能与墙面黏结牢固。

（3）如面积较大，粉刷前必须做塌饼，出柱头。

（4）用 1∶3.0 水泥砂浆在基层上括糙，其厚度应控制在15 mm 以内，表面要求平整、垂直、粗糙。

（5）弹线分格，按原有面砖的规格在糙面上弹线。

（6）嵌隔缝条，隔缝调的断面尺寸根据原有面砖的灰缝宽度和厚度来定。操作时根据弹线用纯水泥浆镶贴，或用钉子钉牢。

（7）试做样板，为使新做的假面砖颜色尽可能与老面砖一致，应通过制作样板确定粉面材料的掺入比例。粉面材料的配合比为1∶1.5 的水泥砂浆；黄砂要细砂，掺色可采用氧化铁黄、氧化铁红、氧化铁黑等颜料按照原面砖的色泽掺入。

（8）用配好的粉面材料在糙面上粉面，用木蟹打磨平整。

（9）在粉平整的假面砖涂层上做面砖花纹。

（10）最后在取出隔缝条的分隔缝内用水泥砂浆勾缝。

10.4 堤防监测管线修护

防汛墙监测管线是堤防工程的重要组成部分，堤防工程建设时，与堤防主体结构同步实施。

10.4.1 监测管线维护工作的基本要求

（1）保持监测管线的设备、设施完整良好。

（2）预防故障和尽快排除故障。

10.4.2 监测管线的组成

（1）监测管线：各种敷设方式的光缆保护管道。

（2）通信光缆：包括通信光缆、监测光缆及熔接包。

（3）检修井：不同规格的人（手）井。

（4）附属设施：标示、标志牌及宣传牌。

10.4.3　监测管线维护工作内容

（1）主要检查内容：管道（含混凝土包封、过桥外挂、泥土直埋等）、检修井、接线盒、熔接包、光缆标示等完好情况。

（2）养护主要内容：定期进行通信测试，修补或更换井盖（座）、检修井、标示牌、标示桩，管道恢复、接线盒检查或更换、管道加固等。

（3）抢修主要内容：光缆应急熔接及测试，恢复网络畅通。

其中通信光缆的维修、养护和抢险工作由专业管线单位根据监测管线的特点制定相应的养护和抢修施工方案并予以实施。

10.4.4　监测管线敷设方式及适用条件

1. 管线敷设方式

监测管线的敷设方式有直埋式、硬地坪敷式、外挂敷式、面敷式等。

（1）直埋式：适用于墙后为绿化或人行道的岸段，如图 10-8 所示。

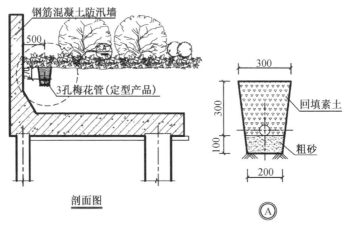

图 10-8　直埋式管线敷设方式示意图（单位：mm）

（2）硬地坪敷式：适用于墙后为码头、市政道路或亲水平台等硬质路面的岸段，如图 10-9 所示。

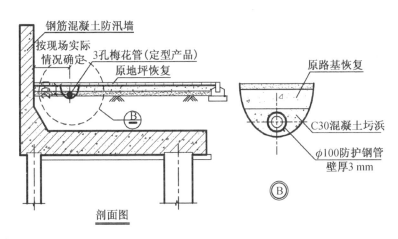

图 10-9　硬地坪敷式示意图

（3）外挂敷式：适用于墙后无实施条件的岸段，有管卡式和桥梁壁挂式两种型式，如图 10-10 所示。

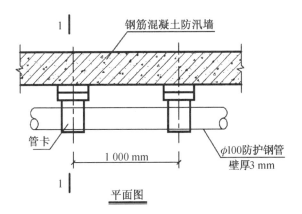

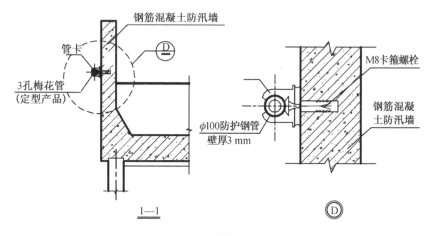

（a）管卡式

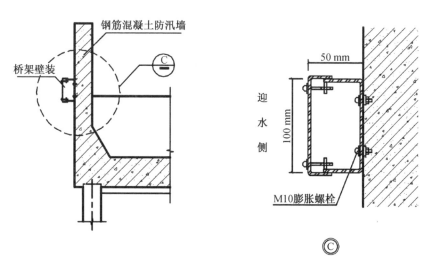

（b）桥梁壁挂式

图 10-10　外挂敷式示意图

（4）面敷式:适用于墙后无实施条件但防汛墙底板外挑尺寸

大于 20 cm 的岸段。管线布置型式有埋式和管卡式两种,如图 10-11 所示。

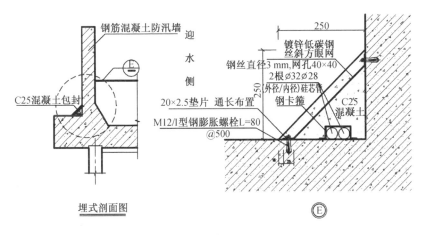

（a）埋式（单位:mm）

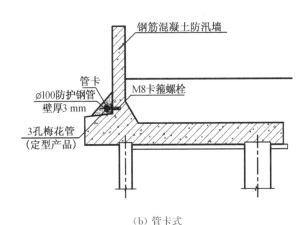

（b）管卡式

图 10-11　面敷式示意图

（5）跨河敷设方式:监测管线需跨河连续敷设时,应尽量利用现有桥梁、涵洞等跨河建筑物进行敷设。敷设方式如图 10-12 所示。

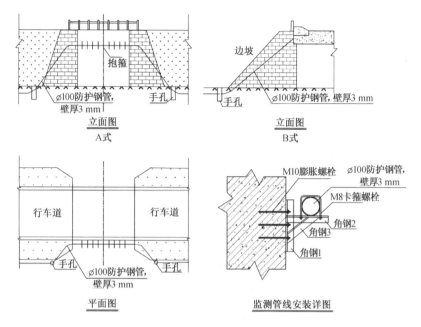

图 10-12　跨河敷设方式示意图(单位:mm)

　　(6)管线需穿墙敷设时,管口高度一般设置在高水位以上部位,敷设方式如图 10-13 所示。

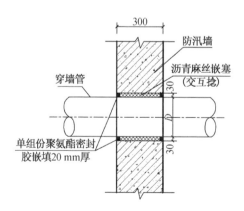

图 10-13　管线需穿墙敷设示意图(单位:mm)

2. 管线工作井设置方式

管线工作井设置应与监测管线敷设方式相匹配,如图 10-14。

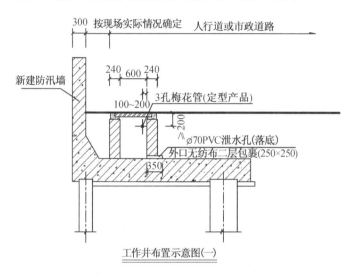

工作井布置示意图(一)

注:墙后为人行道或市政道路的硬地结构,工作井砌筑时,井口标高与地坪标高齐平。

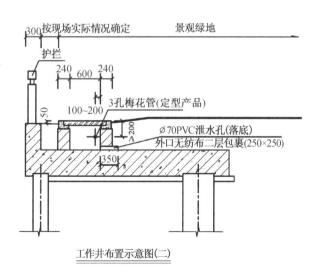

工作井布置示意图(二)

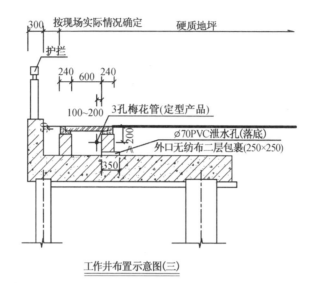

工作井布置示意图(三)

注:墙后为硬质地亲水平台,工作井砌筑时井口标高随地坪标高一致。

图 10-14　工作井设置方式示意图(单位:mm)

3. 标示牌的布设方式

(1) 标示牌规格

材质规格:玻璃钢(聚酯纤维)材料。

尺寸大小:长 300 mm,宽 150 mm,厚 8 mm。

颜色布局:上部银灰底(40 cm × 15 cm)蓝字,下部绿底(40 cm × 5 cm)白字。

字体字高:统一为标准黑体字。第一行字高 5 cm;第二行字高 3 cm;第三行字高 2.5 cm。

Logo 设置在下部绿底区域右下角,白字。

四角距边缘 10 mm 位置,各开一个直径 4 mm 小孔,以作为螺钉固定安装孔。

安装钉子规格:长 5 cm 不锈钢锚钉,钉帽 8 mm,打入墙体内 4 cm。安装好后,钉帽须用专门的材料胶封闭以防锈蚀。标示牌设计样式大致效果如图 10-15。

图 10-15　标示牌设计样式效果图

2. 标示牌安装

a. 直埋式、外敷式、面敷式管线,标示牌统一安装在管道正上方,距地面或管线 20 cm 的墙面位置上。

b. 硬地平敷式管线及无直立式防汛墙岸段,采用埋桩方法,将桩埋设于管线内边侧,再安装标示牌。预制桩采用 C30 混凝土,规格为宽×厚×高＝40 cm×20 cm×80 cm,水泥桩埋入地底 40 cm(地面以上外露 40 cm)。

c. 标示牌正面朝外,以方便巡查、检查。

3. 标示牌里程设置要求

原则上以 500 m 为间距设置一个标示牌,另外在管道穿越公路、桥梁、涵洞等建筑物地点的两侧,与其他建筑物靠近位置,应加设标示牌。在可能取土的地方、公路两旁还应按有关规定加设警示牌。

10.4.5　监测管线的维护

1. 管线修护(图 10-8～图 10-13)

(1) 施工时,首先必须将场地情况摸清楚,特别是附近埋有其他管线的部位,开挖时须予以避开,避免损坏。

(2) 如采用直埋式敷设方式时,表面草皮或矮小灌木应专门取出放置留用,挖出土方采用袋装就近堆放。浇筑沟槽底面夯实,铺粗砂 10 cm 厚,夯实后再敷管线,再回填土 30 cm。最后恢复原有绿化植被。

(3) 如采用硬地平敷式敷设方式时,先放样,按样线调整好的路线走向凿除原有硬地坪,浇筑 C30 混凝土圬浜,放入 ø100 防护钢管,钢管壁厚 3 mm,防护钢管内加穿管线,然后恢复原有地坪结构。如在原位修复,则需将原有结构凿除后,再按上述方式进行修复。

(4) 如采用面敷式敷设方式时,其一级防汛墙底板外口必须挑出 20 cm 以上,施工时管线必须采用管夹固定在混凝土的墙、底板上,然后浇筑 C30 混凝土圬浜封闭。

(5) 如采用外挂敷式敷设方式时,其管线必须放置在不易被人碰撞到的位置上,并且采用管夹固定,管夹间距 1 000 mm,以保证管线的安全。外挂敷式转角处设置接线盒。

(6) 两种敷设方式交接处,其高差设工作井调整。

2. 工作井修护(图 10-14)

(1) 一级防汛墙岸段工作井应紧贴墙后布置,二级防汛墙岸段工作井原则上布置在第一级防汛墙后侧。井位布置时应及时与相关市政管线部门进行沟通(特别是在一级防汛墙后侧布井时),以免管线相碰。

(2) 工作井位布置应尽量贴近防汛墙设置。施工时,应采取先放样(至少 3 个井位)后砌筑的方法,以使管线保持直线状。

(3) 施工时必须与各分段防汛墙起迄点以及桥梁两侧预留工作井接通,以使全线信息管线贯通。

(4) 井位间距:除河道转弯外,直线岸段一般视现场实际情况控制在 100～180 m 左右设置一只工作井,两管位之间夹角必须大于 120°,河道转弯段以大于 120°转角控制设置井位。

(5) 工作井不得砌筑在防汛墙变形缝上,管孔距井口的距离须大于 20 cm,工作井内口净宽为 60 cm×60 cm。

（6）工作井井盖和井座为定型产品，如遇特殊情况，井座也可采用水泥砖、M10 砂浆砌筑成型，井壁厚 240 mm，内外面 1∶2.0 水泥砂浆粉面，厚 2 cm，但井口还须按井盖规格预留相应尺寸。

3. 监测管线标示牌的维护

沿管线设置的标示牌，是监测管线安全保护的一个重要设施，如有缺失、损坏，应予以及时补缺、修复。

标示牌为定型规格产品，事先应有足够的配备，以满足随时更换要求。

预制埋入桩采用 C30 素混凝土浇筑成型，事先应有足够的配备，以满足随时更换要求。

定期检查，一旦发现破损、涂鸦等情况应及时更换。

埋入桩及警示牌的样式参照 10.2 节。

10.4.6　监测管线维修养护遵循的相关规定

（1）《黄浦江和苏州河堤防监测管线管理办法（试行）》；
（2）《黄浦江、苏州河堤防监测管线维修养护规程（意见稿）》。

10.5　堤防绿化养护

堤防绿化的日常养护由专业绿化养护公司进行。根据堤防工程的特点，应选用适合水岸自然条件生长的，并能确保堤防主体结构安全稳定的绿化树种，达到堤防绿化养护目标：点上有景，线上成荫，面上成林。

10.5.1　绿化管理及养护

（1）树木生长旺盛、健壮，根据植物生长习性，合理修剪整形，保持树形整齐美观，骨架均匀，树干基本挺直。

（2）树穴、花池、绿化带以及沿街绿地平面低于沿围平面距离 5～10 cm，无杂草，无污物、杂物，无积水，清洁卫生。

（3）树木缺株在 1％以下，无死树、枯枝。

（4）树木基本无病虫危害症状，病虫危害程度控制在 5％以下，无药害。

（5）无人为损害，无乱贴乱画乱钉乱挂乱堆乱放的现象。

（6）种植 5 年内新补植行道树同原有的树种，规格保持一致，有保护措施。

（7）新植、补植行道树成活率达 98％以上，保存率达 95％以上。

（8）绿篱生长旺盛，修剪整齐、合理，无死株、断档，无病虫害症状。

（9）草坪生长旺盛，保持青绿、平整、无杂草。高度控制在 10 cm左右，无裸露地面，无成片枯黄。枯黄率控制在 1％以内。

10.5.2 日常养护要求

（1）修剪：观花乔木、观花灌木修剪每年各一次以上，其他乔木、灌木两年一次，绿篱一次以上，草坪三次以上。

（2）浇水：乔木一次以上，灌木一次以上，草坪二次以上，适时排水防涝。

（3）施肥：园林绿地栽植的树木种类很多，它们对营养元素的种类要求和施用时期各不相同。根据不同品种进行施肥。

（4）绿地中耕、除草二次以上。

（5）病虫害防治：药物防治三次以上，主要树木人工防治一次。

（6）定期清理死树、枯枝。

（7）人为损害花草树木定期修复，根据植物生态习性，有一定的防寒措施。

10.5.3 养护的施工标准

1. 浇水排水

（1）原则浇水应根据不同植物生物学特性、树龄、季节、土壤干湿程度确定。做到适时、适量、不遗漏。每次浇水要浇足浇透。

（2）浇水的年限：树木定植后一般乔木需连续浇水 3 年，灌木 5 年。土壤质量差、树木生长不良或遇干旱年份，则应延长浇水年限。

（3）大树依据具体情况和浇水原则确定。地栽宿根花卉以土壤不干燥为准。喷灌浇水每次开启时间不少于 30 min，以地面无径流为准。

（4）夏季高温季节应在早晨和傍晚进行，冬季宜午后进行。

（5）雨季应注意排涝，及时排出积水。

2. 施肥

（1）原则：为确保园林植物正常生长发育，要定期对树木、花卉、草坪等进行施肥。施肥应根据植物种类、树龄、立地条件、生长情况及肥料种类等具体情况而定。

（2）施肥对象：定植五年以内的乔、灌木，生长不良的树木，木本花卉，草坪及草花。

（3）施肥分基肥、追肥两类。基肥一般采用有机肥，在植物休眠期内进行，追肥一般采用化肥或复合肥在植物生长期内进行。基肥应充分腐熟后按一定比例与细土混合后施用，化肥应溶解后再施用。干施化肥一定要注意均匀，用量宜少不宜多，施后必须及时充分浇水，以免伤根伤叶。

（4）施肥次数：乔木每年施基肥 1 次，追肥 1 次；灌木每年施基肥 1 次，追肥 2 次；色块灌木和绿篱每年施基肥 2 次，追肥 4 次；草坪每年结合打孔施基肥 2 次，追肥不少于 9 次；草花以施叶面肥为主，每半月 1 次。

（5）施肥量：施基肥乔木（胸径在 10 公分以下）不少于 20 公斤/株·次，灌木不少于 10 公斤/株·次，色块灌木和绿篱不少于 0.5 公斤/m²·株，草坪不少于 0.2 公斤/m²·次，施追肥一般按 0.5%～1% 浓度的溶解液施用。干施化肥一般用量，乔木不超过

250 克/(株·次),灌木不超过 150 克/(株·次),色块灌木和绿篱不超过 30 克/(m² ·次),草坪不超过 10 克/(m² ·次)。

(6) 乔、灌木施肥应挖掘施肥沟、穴,以不伤或少伤树根为准,深度不浅于 30 cm。

3. 修剪

(1) 原则:修剪应根据树种习性、设计意图、养护季节、景观效果为原则,达到均衡树势、调节生长、姿态优美、花繁叶茂的目的。

(2) 修剪包括除芽、去蘖、摘心摘芽、疏枝、短截、整形、更冠等技术。

(3) 养护性修剪分常规修剪和造型(整形)修剪两类。常规修剪以保持自然树型为基本要求,按照"多疏少截"的原则及时剥芽、去蘖,合理短截并疏剪内膛枝、重叠枝、交叉枝、下垂枝、腐枯枝、病虫枝、徒长枝、衰弱枝和损伤枝,保持内膛通风透光,树冠丰满。造型修剪以剪、锯、捆、扎等手段,将树冠整修成特定的形状,达到外形轮廓清晰、树冠表面平整、圆滑、不露空缺,不露枝干、不露捆扎物。

(4) 乔木的修剪一般只进行常规修枝,对主、侧枝尚未定型的树木可采取短截技术逐年形成三级分枝骨架。庭荫树的分枝点应随着树木生长逐步提高,树冠与树干高度的比例应在 7:3 至 6:4 之间。行道树在同一路段的分枝点高低、树高、冠幅大小应基本一致,上方有架空电力线时,应按电力部门的相关规定及时剪除影响安全的枝条。

(5) 灌木的修剪一般保持其自然姿态,疏剪过密枝条,保持内膛通风透光。对丛生灌木的衰老主枝,应本着"留新去老"的原则培养徒长枝或分期短截老枝进行更新。观花灌木和观花小乔木的修剪应掌握花芽发育规律,对当年新梢上开花的花木应于早春萌发前修剪,短截上年的已花枝条,促使新枝萌发。对当年形成花芽,次年早春开花的花木,应在开花后适度修剪,对着花率低的老枝要进行逐年更新。在多年生枝上开花的花木,应保持培养老枝,剪去过密新枝。

(6)绿篱和造型灌木(含色块灌木)的修剪,一般按造型修剪的方法进行,按照规定的形状和高度修剪。每次修剪应保持形状轮廓线条清晰,表面平整、圆滑。修剪后新梢生长超过 10 cm 时,应进行第二次修剪。若生长过密影响通风透光时,要进行内膛疏剪。当生长高度影响景观效果时要进行强度修剪,强度修剪宜在休眠期进行。

(7)藤本的修剪:藤本每年常规修剪一次,每隔 2~3 年应理藤一次,彻底清理枯死藤蔓、理顺分布方向,使叶幕分布均匀、厚度相等。

(8)草花的修剪要掌握各种花卉的生长开花习性,用剪梢、摘心等方法促使侧芽生长,增多开花枝数。要不断摘除花后残花、黄叶、病虫叶,增强花繁叶茂的观赏效果。

(9)草坪的修剪:草坪的修剪高度应保持在 6~8 cm,当草高超过 12 cm 时必须进行修剪。混播草坪修剪次数不少于 20 次/年,结缕草不少于 5 次/年。

(10)修剪时间:落叶乔、灌木在冬季休眠期进行,常绿乔、灌木在生长期进行。绿篱、造型灌木、色块灌木、草坪等按养护要求及时进行。

(11)修剪次数:乔木不少于 1 次/年,灌木不少于 2 次/年,绿篱、造型灌木不少于 12 次/年,色块灌木不少于 8 次/年。

(12)修剪的剪口或锯口平整光滑,不得劈裂、不留短桩。

(13)修剪应按技术操作规程的要求进行,须特别注意安全。

4. 病虫害防治

(1)原则:全面贯彻"预防为主,综合防治"的方针,要掌握园林植物病虫害发生规律,在预测、预报的指导下对可能发生的病虫害做好预防。已经发生的病虫害要及时治理,防止蔓延成灾。病虫害发生率应控制在 10% 以下。

（2）病虫害的药物防治要根据不同的树种、病虫害种类和具体环境条件，正确选用农药种类、剂型、浓度和施用方法，使之既能充分发挥药效，又不产生药害，减少对环境的污染。树木的病害一般有白粉病、花叶病、溃疡病、锈病等。喷药时应设立警戒区，以免人畜中毒。

（3）喷药应成雾状，做到由内向外、由上向下、叶面叶背喷药均匀，不留空白。喷药应在无风的晴天进行，阴雨或高温炎热的中午不宜喷药。喷药时要注意行人安全，避开人流高峰时段，喷药范围内有食品、水果、鱼池等，要待移出或遮盖后方能进行。喷药后要立即清洗药械，不准乱倒残液。

（4）对药械难以喷到顶端的高大树木或蛀干害虫，可采用树干注射法防治。

（5）施药要掌握有利时机，害虫在孵化期或幼虫三龄期以前施药最为有效，真菌病害要在孢子萌发期或侵染初期施药。

（6）挖除地下害虫时，深度应在 5～20 cm 以内，接近树根时不能伤及根系。人工刮除树木枝干上介壳虫等虫体，要彻底干净，不得损伤枝条或枝干内皮，刮除树木枝干上的腐烂病害时，要将受害部位全部清除干净，伤口要进行消毒并涂抹保护剂，刮落的虫体和带病的树皮，要及时收集烧毁。

（7）农药要妥善保管。施药人员应注意自身的安全，必须按规定穿戴工作服、工作帽，戴好风镜、口罩、手套及其他防护用具。

5. 松土、除草

（1）松土：土壤板结时要及时进行松土，松土深度 5～10 cm 为宜。草坪应用打孔机松土，每年不少于 2 次。

（2）除草：掌握"除早、除小、除了"的原则，随时清除杂草，除草必须连根剔除。绿地内应做到基本无杂草，草坪的纯净度应达到 95% 以上。

6. 补栽

(1) 保持绿地植物的种植量,缺株断行应适时补栽。补栽应使用同品种、基本同规格的苗木,保证补栽后的景观效果。

(2) 草坪秃斑应随缺随补,保证草坪的覆盖度和致密度。补草可采用点栽、播种和铺设等不同方法。

7. 支撑、扶正

(1) 倾斜度超过 10 度的树木,须进行扶正,落叶树在休眠期进行,常绿树在萌芽前进行。扶正前应先疏剪部分枝桠或进行短截,确保扶正树木的成活。

(2) 新栽大树和扶正后的树木应进行支撑。支撑材料在同一路段或区域内应当统一,支撑方式要规范、整齐。支撑着力点应超过树高的 1/2 以上,支撑材料在着力点与树干接触处应铺垫软质材料,以免损伤树皮。每年雨季前要对支撑进行一次全面检查,对松动的支撑要及时加固,对坎入树皮的捆扎物要及时解除。

10.5.4 夏季养护

(1) 夏季如过于干旱要进行灌溉,每周两次浇透。

(2) 在台风汛期来临前夕,对树木存在根系浅、逆风、树冠庞大、枝叶过密及场地条件差等实际情况,应分别采取立支柱、绑扎、加土、扶正、疏枝、打地桩等措施。

(3) 对易积水的绿地及时做好排涝(加土平整、开沟排涝)工作。

10.5.5 冬季养护

(1) 卷干、包草:新植小树和冬季湿冷之地不耐寒的树木,可用草绳卷干或用稻草包主干和部分分枝来防寒。

(2) 喷白涂白:用石灰硫磺粉对树身喷白涂白,可以降低温差骤变的危害,还可以杀死一些越冬病虫害。

(3) 深翻土壤,加施堆肥,适时进行冬灌。

10.5.6 安全施工

（1）绿化养护的各道工序施工要做到以人为本，安全施工，文明作业。

（2）绿化养护施工要统一着安全装，设施工警示语或警示标志，保证施工人员和过往行人的安全。

第11章

上海市堤防日常维修养护工程实例

11.1 实例一:外滩空厢墙体裂缝修复方案

11.1.1 问题

墙体受空载槽罐船撞击,撞击部位出现多条纵、横向裂缝,撞击中心部位墙体(里侧)露筋。

11.1.2 修复范围

(1) 内侧墙

横向面:受损部位扩展至两侧立柱边侧(8 m)。

竖向面:舷窗底部至台阶面(台阶面以上约 1.50 m)。

(2) 外侧墙(临水面)

横向面:受损部位扩展至两侧立柱边侧(8 m)。

竖向面:挂板至舷窗底部。

11.1.3 修复方式

1. 空厢内侧墙面

(1) 首先将整个墙面粉刷层凿除,并清理干净,直至显露混凝土本色。

(2) 然后对墙面(受撞区域)裂缝由里而外进行压力(水平)注

浆封堵缝隙,以避免墙体钢筋浸水锈蚀(裂缝长度约4 m)。

（3）裂缝修复后采用φ4高强钢丝网片对墙面进行覆盖固定,并立挡模浇筑C30细石混凝土,厚度约120 mm(与两侧立柱齐平)。

　　a. 钢丝网片间距100 mm×100 mm;

　　b. 钢丝网片固定采用ø6膨胀螺栓,间距500～1 000 mm;

　　c. 施工时,钢丝网片必须与两侧立柱台阶面及墙面完全锚固后才能浇筑混凝土。

（4）最后对整个修复墙面按原样进行粉刷,达到与两侧墙体统一效果。

　　2. 空厢外侧墙面(临水面)

将外墙面清洗干净后采用优质防水涂料二涂,以控制高潮位墙体渗水。

11.1.4　施工注意事项

（1）施工中如有新情况发现,须立即告知建设单位与设计单位,以便及时调整施工方案。

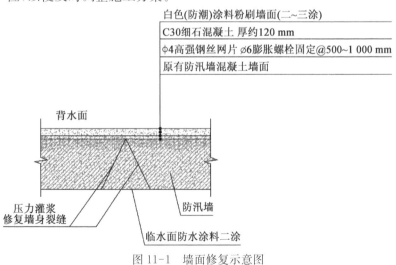

图 11-1　墙面修复示意图

（2）在空厢内施工,须对原有管线进行保护,不得损坏。

（3）本次维修不含外墙上景观灯及线路等部分内容。

11.1.5　墙体裂缝注浆技术要求

（1）布孔:沿裂缝每间隔 200 mm 布孔一只。

（2）孔深:100 mm;孔径:16 mm。

（3）注浆压力:~0.5 MPa。

（4）注浆材料:改性环氧树脂。

（5）施工注意事项:裂缝修补工作应仔细查勘、认真施工,尽量做到不扩大损坏范围,也不遗留对已损坏部分的修复。

11.2　实例二:华泾港泵闸消力池接缝漏水修复方案

11.2.1　问题

防汛墙(高桩承台结构)与泵闸消力池(钢筋混凝土坞式结构)连接处墙后土体淘失,变形缝止水带断裂,内外贯通。

11.2.2　险情原因分析

（1）两种不同结构型式先后施工形成对接误差。

（2）消力池(1.00 m 标高)与防汛墙底板(2.20 m 标高)之间高差 1.20 m 接合面未设止水,长久累积致使墙后土体逐渐流失形成漏斗状,为典型的变形缝险情出险的状况。

11.2.3　修复方案

1. 消力池与防汛墙之间接缝设垂直止水

（1）修复范围:标高 6.00 m~2.70 m(底板)。

（2）修复方式:先将原有变形缝缝道清理干净,然后采用人工方式使用铁凿将沥青麻丝(交互捻)在内外侧各嵌塞3～4道,外口留2 cm采用密封胶封口,中间孔隙采用聚氨酯发泡堵漏剂填堵密实。最后按防汛墙变形缝常规做法加设后贴式垂直向止水封堵。

2. 消力池与板桩之间接缝处理

(1)修复范围:标高0.50～2.70 m。

(2)修复方式:墙后开挖清理干净后,根据缝口宽度采用沥青麻丝或木板条将封口嵌塞封堵,然后采用土工布(250 g/m²)挂帘固定。最后候低潮位时采用水泥土回填夯实。

(3)水泥土回填技术参数:水泥掺和量10%(重量比),土料含水量20%左右(黏性土,不得含有垃圾及腐蚀物),回填土质量控制标准:$\gamma_干 \geqslant 15.0$ kN/m³。

3. 消力池与防汛墙两侧压密注浆加固密实墙后土体

(1)修复范围:消力池一侧5米,防汛墙一侧10米。

(2)修复方式:墙后压密注浆三排,进行地基加固,封堵渗水通道。

(3)压密注浆技术参数。

① 布孔:纵向按梅花形交错布孔,孔距1 000,横向2排,孔深5 m(以地坪面为基准点)。

② 注浆材料:42.5普通硅酸盐水泥。

③ 配合比:水灰比0.3～0.6,掺2%～5%水玻璃或氧化钙,也可掺10%～20%的粉煤灰。

④ 注浆方法:自下而上分段注浆法,注浆段为0.5 m。当进浆量接近零时,拔管至下一个分段继续注浆。

⑤ 起始注浆压力:≤0.3 MPa。

⑥ 过程注浆压力:0.3～0.5 MPa。

⑦ 终止注浆压力0.5 MPa。

⑧ 进浆量:7～10 L/sec。

⑨ 注浆顺序:间隔跳注。

⑩ 注意事项:

a. 注浆结束应及时拔管,清除机具内的残留浆液,拔管后在土中所留的孔洞应用水泥砂浆封堵。

b. 浆液沿注浆管壁冒出地面时,易在地表孔口用水泥、水玻璃(或氯化钙)混合料封闭管壁与地表土孔隙,并间隔一段时间后再进行下一个深度的注浆。

c. 灌浆时一旦发生压力不增而浆液不断增加的情况应立即停止,灌浆待查明原因采取措施后才能继续灌浆。

4. 施工注意事项

(1) 水泥土回填时,基坑应在无水状态下进行,水泥土须充分拌匀后回填,人工分层夯实。

(2) 标高 2.70 m 接点是施工闭合重点,施工时,应考虑上下重复覆盖闭合,以免造成新的渗漏点。

(3) 压密注浆第一排孔距墙背侧 60 cm 布置,施工时先实施前后第一、三排,后实施中间第二排。

(4) 注浆前,应在防汛墙及消力池墙顶上布设监测点,注浆时进行同步监测,以控制防汛墙位移。

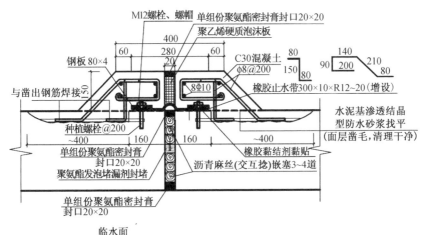

图 11-2　后贴式止水带断面图(单位:mm)

11.3 实例三：上海盛融国际游船有限公司防汛墙应急维修工程

11.3.1 问题

堤防巡查中发现该单位防汛墙存在：

（1）防汛墙变形缝损坏。

（2）墙上原有穿墙管未封堵漏水。

（3）闸门口（内侧）高潮位出现渗水，临近汛期，进行应急维修。

11.3.2 防汛墙变形缝修复

防汛墙变形缝嵌缝料老化、脱落，但墙体中间有橡胶止水带且未断裂。

1. 变形缝修复技术要求

（1）原有变形缝缝道内已老化的填缝料必须清理干净，混凝土显露面必须无油污无粉尘。

（2）原有墙体中间埋设的橡胶止水带保留，清理时不得损坏。

（3）缝道清理干净后，采用铁凿将沥青麻丝（交互捻）3～4道嵌塞，外周面留有 2.0 cm 左右缝口，缝口内采用单组份聚氨酯密封胶嵌填。

（4）密封胶嵌填前变形缝缝口的黏结表面必须无油污且无粉尘，嵌填时，宜在无风沙的干燥的天气下进行，若遇风沙天气，应采取挡风沙措施，以防黏结表面因黏上尘埃而影响黏结力。

（5）密封胶嵌填，完毕后其外表面应达到平整、光滑、不糙。

2. 变形缝修复范围

（1）本工程范围内所有变形缝。

（2）墙前（迎水面）：墙顶面至底板底部。

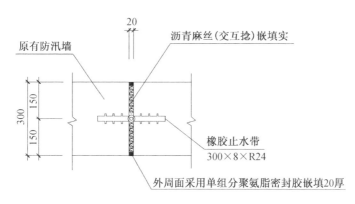

图 11-3　墙体变形缝修复图(单位:mm)

(3) 墙后(背水面):墙顶面至地面以下 20 cm。

11.3.3　原有电力穿墙管封堵

1. 问题

沿岸线电力穿墙管管口裸露,无封堵痕迹,防汛墙地基存在淘失隐患。

2. 修复方法

(1) 首先将管孔清理干净,然后根据管孔直径配置 20 cm 长圆木塞,并在木塞外周面涂两道防腐沥青后,将木塞嵌塞进去,使管口留有 12 cm 左右空隙。

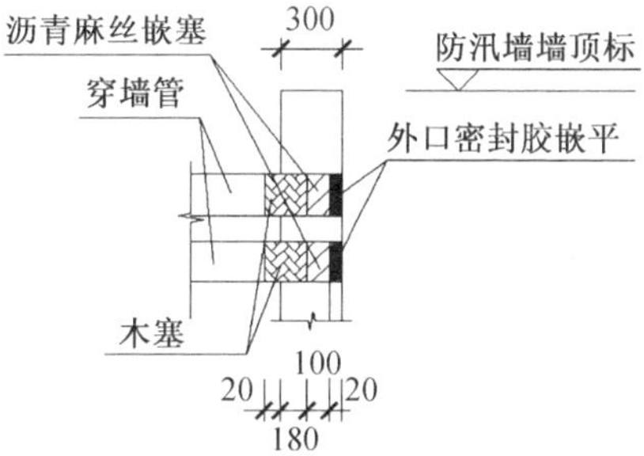

(2) 然后采用铁凿将沥青麻丝(交互捻)嵌塞紧密,管口 2 cm 采用单组份聚氨酯密封胶嵌平整。

图 11-4　穿墙管封堵示意图(单位:mm)

3. 修复注意事项

待低潮位施工,原有管孔必须清理干净,以保证木塞与原有管壁面的紧密结合。

11.3.4 闸口渗水修复

1. 问题

闸门背水侧下游转角点地基掏空。

2. 修复方式

（1）首先在迎水面候低潮位时，找出闸墩与防汛墙之间的缝隙空洞，按变形缝修复方式进行封堵。

（2）然后，对闸门内侧转角点的掏空处进行开挖探查，确定基础空洞范围。

（3）最后抽干水后采用水泥土人工分层回填夯实。

（4）水泥土参数：

土料：素土（不得含有有机杂物），含水量 18%～20%。

水泥掺量：8%～10%（重量比）。

质量检测：干容重 $\gamma_{\text{干}} > 15.0 \text{ kN/m}^3$。

3. 修复注意事项

（1）施工时，必须趁低潮位，采取先外堵后开挖的施工顺序，以确保回填土质量。

（2）修复后，按原样恢复墙后部分地坪。

11.3.5 工程说明

（1）工程维修范围：外马路 1339 号上海盛融国际游船有限公司黄浦江岸段，岸线全长约 200 m。

（2）工程修复内容：防汛墙墙后渗漏，变形缝、穿墙管维修封堵等。

（3）本工程岸线较长，具体修复工程量由建设单位根据现场实际情况予以确认。

（4）施工过程中如发现与设计图纸有不符之处，请立即与设计单位联系，以便即时修改或调整施工方案。

（5）本工程为应急堵漏修复项目，防汛墙修复后，应经受二次高潮位（黄浦江水位高于墙后地坪）墙后不渗水的检验，如果在高潮位作用下，墙后仍有渗水现象出现，则须视渗水量的大小，在墙后采用压密注浆或高压旋喷桩的方式对墙后地基进行防渗加固。

（6）施工质量控制：

① 整个施工过程由专业监理人员控制施工质量并进行全过程监理。

② 本工程按上海市水务局 2000 年颁发的《水利工程施工质量检验评定标准（试行）》执行。

11.4 实例四：北苏州路 400 号防汛墙墙后地面渗水修复方案

11.4.1 问题

位于北苏州路 400 号处防汛墙，其墙后约 10 余米半幅沥青路面地坪经常返潮，高潮位时地面出现渗水现象。

11.4.2 渗水原因分析

经现场查勘分析，导致该部分地段渗水的原因主要是：

（1）墙后地势过低，本段位置位于江西路—河南路之间的最低点，地面标高仅为 2.30 m 左右，常年处于地下水位 3.0～3.5 m 以下。

（2）不排除整段路面在其他位置处有渗水的可能性，两侧渗水往低处流，汇集于最底处渗出。

（3）原设计道路存在缺陷，未考虑对地下水导流的措施，该地段地面低于地下水位标高，且又紧靠河岸，按常规方式修筑道路，势必会产生路面潮湿及渗水现象。

11.4.3 修复方案

1. 修复原则

疏堵结合,降低地下水位。

2. 修复方式

(1)将半幅渗水路段凿除约 44 m 左右,布设地下碎石网沟,埋设透水软管,将地下水通过透水网管接入就近窨井,网沟上口采用 C30 钢筋混凝土板压盖厚 120。

(2)道路凿开后,高潮位观察分析,如有渗流点,采用油溶性聚氨酯堵漏剂进行封堵(直径 $\phi 80$ mm,@500,深度$>5\,000$ mm)渗水通道。布点数量根据渗水范围确定,布点位置:沿防汛墙底板后侧布设。

(3)墙后排水明沟按原样恢复,并与窨井接通,使之无积水。

(4)现场检查防汛墙墙体变形缝嵌缝料,如有开裂、脱落情况,按原设计要求修复。

11.4.4 施工注意事项

(1)道路修复前,必须向有关单位收集现有道路的设计施工资料及地下管线分布资料,避免因盲目施工,造成不必要的损失。

(2)施工时,应考虑设置集水井排水,降低地下水位,确保施工质量。路面开挖后如发现路基已遭渗透破坏,应及时通知相关单位采取措施。

(3)现浇 C30 钢筋混凝土面板,其顶面部分应进行刮糙处理,以提高与沥青层的黏结度。

(4)本工程修复工程量由现场监理按实确定。

图 11-5 和图 11-6 分别为网沟平面布置图和网沟详图。

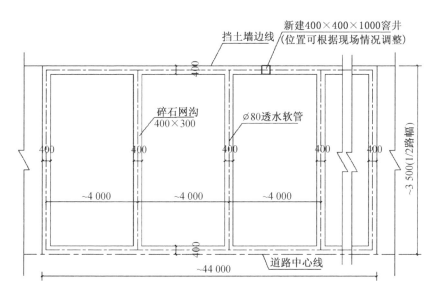

图 11-5　网沟平面布置图(单位:mm)

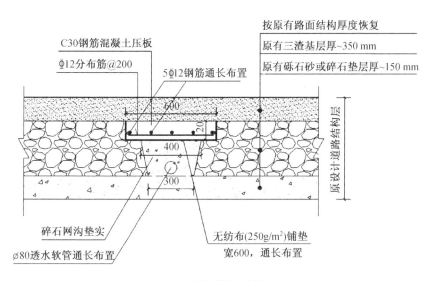

图 11-6　网沟详图(单位:mm)

129

11.5 实例五：上海渔轮修造厂防汛墙护坡损坏修复工程

11.5.1 问题

迎水面防汛墙护坡坡面块石松动，坡面上有空洞散落点，局部坡面出现塌陷。

11.5.2 修复方式

1. 坡面块石松动、块石缺失修复

修复方法：

(1) 将原有护坡表面及块石之间缝隙采用高压水冲洗干净，采用 C25 细石混凝土将块石之间的缝隙填实，然后采用 10 MPa 水泥砂浆在块石缝隙表面勾凸缝；

(2) 局部坡面块石缺失，将其块石缺失处空洞清洗干净后，采用 C25 细石混凝土填密实；

(3) 工程修复长度约 180 m。

2. 局部护坡面塌陷修复

修复方法：

采用灌砌块石的修补方式进行修复(图 11-7)，具体做法为：

(1) 翻拆原有块石护坡(损坏部分)，将原土坡坡面夯实修平；

(2) 在土坡面上铺垫一层无纺反滤土工布(250 g/m²)；

(3) 然后铺 15 cm 厚碎石垫层；

(4) 垫层上铺砌块石(利用原拆除并经清理干净后的护坡块石)，块石厚度≥35 cm，块石之间缝隙宽度≥10 cm；

(5) 最后在缝隙内灌注满 C25 细石混凝土；

(6) 护坡修复完成后，探测坡脚前泥面，如泥面标高低于设计标高，则应采用抛石方式进行固脚护滩；

（7）工程修复长度约 40 m。

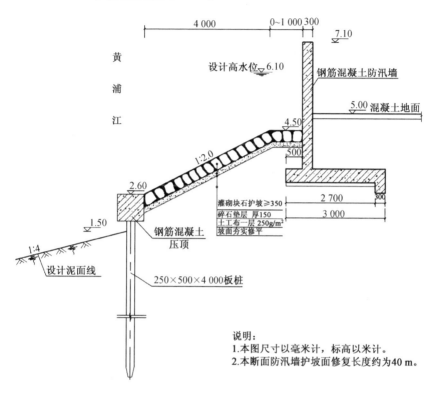

图 11-7　护坡面塌陷修复断面图

11.6　实例六：海军虬江码头 92089 部队闸门封堵工程

11.6.1　问题

海军虬江码头 92089 部队 6 道推拉门出现无法正常关闭状况，情况较为严重，无法安全度汛。

11.6.2 解决方法

因临近汛期,闸门改造暂无法实施。

经与部队沟通,将其中南侧一道推拉门进行永久封堵,对另外5 道闸门设置临时闸门度汛,待汛后再列入改造计划。

11.6.3 应急处置方案

1. 临时度汛闸门

临时度汛闸门应急处理方案见图 11-8—图 11-12,其中注意事项有:

(1) 临时度汛闸门墩混凝土等级强度 C30;木插板厚度≥40 mm,长度 4 200 mm,二块板之间净空≥300 mm。

(2) 闸墩浇筑前,应事先将所有混凝土接触面凿毛,清理干净后涂刷界面剂,采用 ϕ10 种植筋锚固,植筋深度≥100 mm,锚固长度≥300 mm。

(3) 受仓库净空高度限制,新建临时度汛闸门墩顶标高设定为 6.20 m。

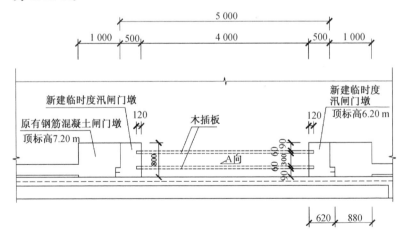

图 11-8　闸口封堵平面图(单位:mm)

（4）临时出入口采用木插板、黏土填肚,背水侧交错叠筑袋装土袋防汛。

（5）由于本段防汛墙 6 道度汛闸门口顶标高为 6.20 m,为此,在主汛期期间,还须备足防汛土料及器材,并密切注意气象、潮位预告信息,一旦遇到发布红色预警信号或其他紧急情况,应立即将闸口封闭,并加固培厚临防设施。

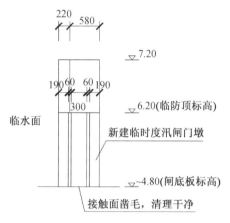

图 11-9　A 向断面示意图（单位:标高 m,尺寸 mm）

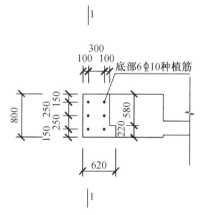

图 11-10　闸墩底面连接处理图（单位:mm）

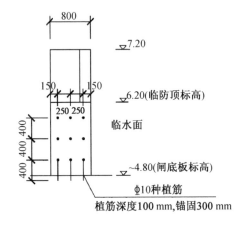

图 11-11　1—1 剖面配筋示意图(单位:标高 m,尺寸 mm)

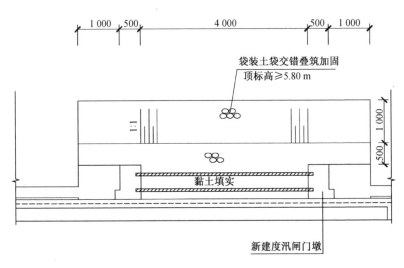

图 11-12　临时出入口封堵平面布置图(单位:mm)

2. 暂无使用需求的防汛(通道)闸门的临时封堵

暂无使用需求的防汛(通道)闸门的临时封堵做法见图
11-13—图 11-15。其中注意事项有:

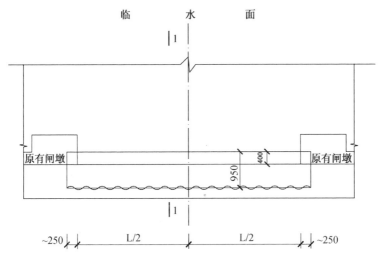

图 11-13　闸口封堵平面图(单位:mm)

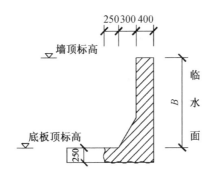

图 11-14　1—1 断面示意图(单位:mm)

(1) 将原有底板及两边侧墙面,凿除约 25 cm,凿除钢筋保留,凿除面清理干净。

(2) 布置双排 Φ 14 钢筋,间距 200 mm,分布筋 Φ 12,间距 200 mm。

(3) 原有凿露钢筋与新配置钢筋焊接成整体,然后立挡模,浇筑 C30 钢筋混凝土胸墙与两侧防汛墙连成整体形成封闭。

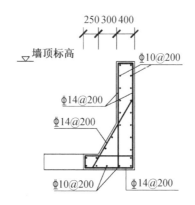

图 11-15　1—1 断面配筋图(单位:mm)

（4）混凝土浇筑前,原有混凝土面必须湿润或涂刷混凝土界面剂,以保证新老混凝土结构结合面连接质量。

11.7　实例七:外马路环卫码头钢闸门维修养护工程

11.7.1　问题

经现场调查及相关原设计资料查阅分析,黄浦江外马路 800 号环卫码头,岸线全长约 180 m。防汛墙沿线现设有 3 道推拉式钢闸门(宽 6.60 m,高 2.10 m)与码头直接连接。

墙前码头:码头长 180 余米,宽 15 m,独立式桩基结构,码头面紧靠后侧防汛墙布置,但与防汛墙结构不连接,码头面标高 5.00 m。

墙后现状:墙后直接为市政道路(外马路),人行道宽 1.2 m,道路宽~8 m,路面标高 4.40 m。

防汛墙结构:本岸段防汛墙结构型式为后贴式钢筋混凝土 L 形挡墙,挡墙与码头之间的空档由原有老结构上砌筑砖墙封闭,原有老结构因建造年代久远,资料缺失。

由于受现场场地条件限制,原设计防汛闸门因无条件布置在防汛墙迎水侧,只能反向布置在防汛墙背水侧(墙后人行道一侧)。现状闸门的布设,从防汛角度来讲是不合理的,存在着一定的安全隐患。

11.7.2 维修原则

加强防汛闸门运行时的安全保护措施,将防汛安全隐患降低到最小。

11.7.3 维修方式

1. 闸口部分

(1) 将原有闸口沟槽按原设计要求向闸门开启方向延伸 1.0 m,相应沟槽内预埋件尺寸同步进行加长调整。

(2) 原有沟槽清淤后,按原设计要求调换沟槽内轮轨埋件。

(3) 按现场尺寸原样重新设置闸口沟槽盖板,盖板厚度不小于 15 mm。

2. 门体要求

(1) 门叶:喷丸除锈,达到表面显露出金属本色,然后涂两道红丹过氯乙烯防锈漆,一道海蓝环氧脂水线漆,每道干膜 30 μm。

(2) 门体整形:闸门在关闭位置时所有水封的压缩量不小于 2 mm。闸门安装完毕验收合格后,除水封外再涂一道海蓝色环氧脂水线漆,干膜后 30 μm。

(3) 水封:材料采用氯丁橡胶,所有水封交接处均应胶接,接头必须平整牢固不漏水,水封安装好后,其表面不平整度不大于 2 mm。

(4) 支铰:使闸门达到灵活转动,关闭自如。

(5) 如果钢闸门底部门叶锈蚀严重,门叶下卸后,应首先对钢闸门门叶尺寸以及各种配置材料规格进行现场测量确定无误后,然后将底部一挡门叶连同工字钢连接横梁一并切除,严格按照原有尺寸落料,并按钢闸门施工相关规范要求将门叶原样恢复。

3. 零部件更换

(1) 门体走轮更换:每道闸门底部走轮按原设计要求重新更换。

(2) 顶轮限位装置

a. 对现有顶轮限位装置进行维护保养,使之达到灵活转动自如,如达不到则予以更换。

b. 每道闸门增设三套顶轮限位装置,一套安装在闸门关闭部位,另一套安装在闸门开启部位。顶轮设置位置以闸门开、关时,确保有三个支点支撑于门体上(图 11-16)。

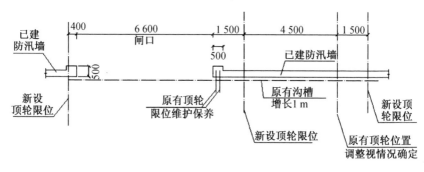

图 11-16 新设顶轮位置布置图(单位:mm)

(3) 每道闸门门体二侧增设安全挡臂(图 11-17)。

(4) 配齐三道闸门的紧固装置,使之达到"一用一备"的安全运行使用要求。

11.7.4 闸门安全检验要求

闸门关闭定位后,高压水枪(水压力 $P=0.12$ MPa)对止水作水密试验 5 min,以止水橡皮缝处不漏水为合格。

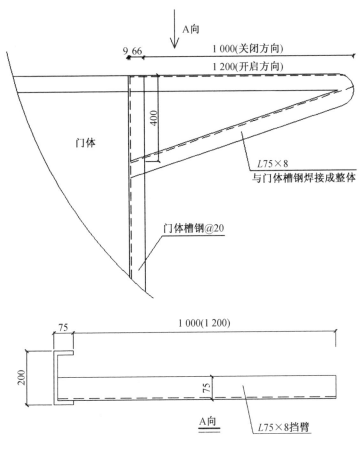

图 11-17 新增挡臂详图(单位:mm)

11.7.5 施工注意事项

(1)本工程提供的图纸均为原设计图,施工使用时,需事先对照实体构件进行核对,以免出错。

(2)沟槽盖板连接件,采取现场采样,定向加工方式进行安装施工。

（3）预埋件埋设采用种植筋方式连接,钢筋规格根据现场实际情况确定。

（4）工程施工期间,应与码头使用单位进行充分沟通,听取合理意见,使本次闸门维修后该岸段的防汛安全得到进一步提高。

11.7.6 钢闸门使用说明

（1）外马路 800♯ 环卫码头现有的 3 道推拉门为防汛闸门,不得作为其他功能使用。

（2）闸门非汛期期间为开启状,汛期期间根据防汛要求及时关闭闸门,闸门开启或关闭时,均必须由专业人员负责进行操作,非专业人员不得随意开启或关闭闸门,以免发生意外和影响防汛安全。

（3）闸门进行开启或关闭时,必须注意始终保持闸门的平稳,闸门顶部必须始终保持在顶部支撑装置中的限位螺栓之内,不得偏出。

（4）闸门关闭就位后,按设计要求安装其他各部分的紧固装置,每个张紧器的拉力要力求平均,闸门在关闭位置时,所有橡胶止水带的压缩量不得小于 2 mm。

（5）闸门底部的沟槽内必须保持干净,不得有杂物堵塞在内,排水管口须保持通畅,闸门开启后,通道口应及时盖上盖板。

（6）由于环卫码头无水、陆域连接通道,环卫车辆进出是从外马路直接转弯上码头的,为确保防汛安全,避免突发情况发生,本岸段三道钢闸门的维修养护应列入超常态化管理状态,确保汛期期间防汛闸门每天 24 小时均能处于安全运行状态。

11.8 实例八:十二棉纺厂排水闸门井临时封堵方案

11.8.1 问题

厂区内原有 5 座闸门井(沿黄浦江岸线布置),由于年久失修,闸门锈蚀严重均已无法正常使用,根据区水务署要求,对该5座排水闸门井进行临时封堵,以确保防汛安全。

11.8.2 修复方式

(1) 配置活络钢扶梯一座,以方便施工人员下井作业,钢扶梯宽度不小于50 cm,长度根据闸门井深度确定。

(2) 首先将井内垃圾清理干净,然后根据井内各出水管道口尺寸采用3~4 cm厚松木板将各出水管口(包括闸门口)封堵固定,最后向井内采用袋装土封堵填实。

(3) 井口留15 cm,采用10 cm碎石整平压实后,面上用φ4高强网片对井口进行覆盖固定,并浇筑C30细石混凝土厚度约10 cm左右封口。

① 钢丝网片间距100×100 mm;

② 钢丝网固定采用ø8钢膨胀螺栓(梅花型布置间距200 mm)。

11.8.3 施工注意事项

(1) 闸门井封堵须候低潮位时进行,并尽量将井内水抽干。

(2) 袋装土须由人工自下而上,分层交错叠压密实。

(3) 现场如发现闸门井顶部破损严重,无法满足防汛标高要求(应与现有防汛墙标高封闭一致)时,可根据现场施工条件采用240 mm厚水泥砖砌筑加高或C25混凝土按原样接高两种方式进行防汛标高达标后再进行封堵。

(4) 施工中如有新情况发现,须立即告知设计单位、业主,以便及时调整施工方案。

图11-18为闸门井平面示意图。

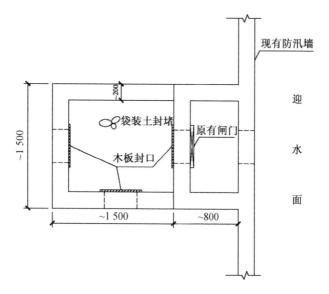

图 11-18　闸门井平面示意图(单位:mm)

11.9　实例九:油脂公司防汛墙渗漏处置方案

11.9.1　问题

苏州河油脂公司约 50 m 岸段防汛墙由于多种因素至今尚无法进行实施改造,为确保今年渡汛安全,根据普陀区建委、堤防处、水利建设投资公司的要求,对该段防汛墙预先制订应急处置方案,以备不测。

11.9.2　工程范围

防汛墙抢护应对范围:以现场墙前未拆的一座房子为标志点,上游 20 m,下游 40 m。

11.9.3　抢护原则

墙前:护滩固基,控制险情发展;墙后:以堵为主,稳定险情,缩小影响范围。

11.9.4　抢护方法

(1)墙后地面冒清水

袋装土孔口围堵,袋装土镇压,积水排入附近下水道,并加强观测,若险情未控制住,则应采取墙前封堵。

(2)墙后地面冒水量增大,并出现浑水现象

墙前:采用土工膜遮帘或铺垫后,再抛堵袋装土止水(图11-19)。

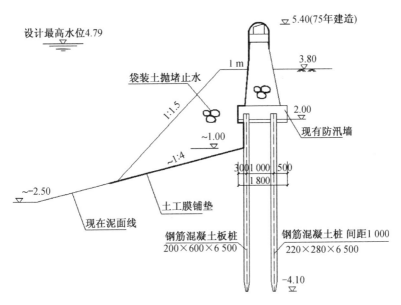

图 11-19　墙前抛堵抢护示意图(单位:标高 m,尺寸 mm)

墙后:袋装土围堵,袋装土镇压,将积水排入附近下水道(图

11-20)。

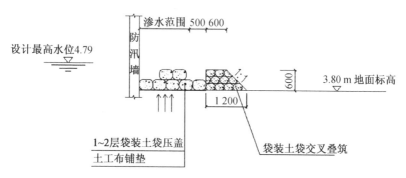

图 11-20　墙后渗水(管涌)围堵示意图(单位:mm)

如遇红色预警信号发布,墙前袋装土须抛堵至与墙后地面标高基本持平。

11.9.5　抢护要点

(1)采用袋装土袋抢护施工,抢护时必须先围堵然后再压盖,反之会加速险情范围扩大。将出险区域封闭后,视墙前水位的高低在渗水面上压盖一至二层袋装土袋。

(2)墙前防渗土工布铺设要覆盖整个险情面,并留有一定余量。

(3)迎水面抛堵止漏,应根据现场水流涨落速度的缓急进行抛堵定位,使所抛砂、石、土袋,随水流下移沉于抢护点上,一般情况下,涨潮时抢护,抛投点应设于下游侧;落潮时抢护,抛投点应设于上游侧,抢护时应先从墙脚处开始逐渐向外抛堵。

11.9.6　抢护材料配备

(1)墙后围堵(一只管涌口,围堵长度 5 m)

土工布 4 m²,土方 5 m³,编织袋 350 只。

（2）墙前抛堵（每延米）

土工膜 10 m（门幅≥4 m），土方 15 m³，编织袋 1 050 只。

11.9.7　注意事项

（1）抢险时，土工膜必定是铺在迎水侧的，土工布是铺在背水面地坪上反滤及压渗的。

（2）现场墙后通道不足 6 m，抢险时应考虑土方车辆运至险情发生点附近，由人工装袋后采用手推车驳运至现场。

（3）在险情发生期间，遭遇雷、暴雨袭击，所有现场人员必须配备雨鞋（绝缘）以确保出险现场的安全。

（4）当风力大于 6 级，并伴有暴雨或雷雨时，为保证人身安全，一般不应实施抢险作业，待台风、暴雨过后再进行实施。

11.9.8　抢险预案

（1）当苏州河水位≥4.20 m 时，正常巡查。

（2）当苏州河水位≥4.20 m＋台风（黄色预警）时，加强巡查。

（3）当苏州河水位≥4.20 m＋台风（黄色预警）＋暴雨（黄色预警）时，调配抢险物资及人员，待命。

（4）当苏州河水位≥4.50 m＋台风（黄色预警）＋暴雨（黄色预警）时，一旦发现险情，按 11.9.4 节和 11.9.5 节要求，即刻进行除险。

附录 A

维修养护施工技术要求

A.1 常用材料使用技术要求

堤防设施在维修养护中常用的材料要求除本文中已明确注明处外,其余必须满足下列要求:

(1) 混凝土

① 混凝土强度等级:C30;

② 混凝土保护层:3 cm;

③ 水泥砂浆标号:不低于 10 MPa;砂浆应随拌随用,一般宜在 3~4 小时内用完;气温超过 30℃时,宜在 2~3 小时内用完,如发生离析、泌水等现象,使用前应重新拌和,已凝结的砂浆,不得使用。

(2) 钢材

① 钢筋:"A"为 HPB300,"C"为 HRB400;

② 钢材:Q235A;钢闸门零部件:不锈钢等;

③ 钢筋搭接长度:绑扎 35 d,弯钩 10 d;

④ 钢筋焊接长度:双面焊 5 d,单面焊 10 d;

⑤ 钢材(型钢)焊缝高度≥6 mm;

⑥ 电焊条型号:E4303(J422)。

(3) 钢筋锚固(预埋):化学锚固

① 植筋材料:喜利得植筋一号(喜利得 HLT-HY150);

② 钢筋规格:ϕ 12,ϕ 14,ϕ 16,ϕ 20;

③ 钢筋埋置深度:140 mm(Φ 12,Φ 14),200 mm(Φ 16,Φ 20)。

闸口底槛修复,预埋件采用植筋方式时,根据现场情况宜选用
Φ 16～Φ 20 规格。

(4)石材

所有石材包括块石、碎石、砂等均应满足新鲜、完整、干净、质
地坚硬、不得有剥落层和裂纹规定,石料抗压强度不小于 30 MPa。

① 砌石体石料:块石外形大致呈方形,上、下两面大致平整、
无尖角、薄边,块石厚度不小于 20 cm。宽度为厚度的 1.0～1.5
倍,长度为厚度的 1.5～3.0 倍(中锋棱锐角应敲除),一般以花岗
岩为宜。块石砌体容重 $\gamma_石$ =22～24 kN/m³。

② 碎石:具有一定级配,不含杂质,洁净、坚硬、有棱角,不允
许用同粒径山皮、风化石子、不稳定矿渣替代。压实干密度不小于
21 kN/m³。

③ 砾石砂:设置于路基与基层之间的结构层(隔离层),用以
隔断毛细水上升侵入路面基层,压实干密度不小于 21.5 kN/m³。

(5)回填土

① 回填前必须将基坑内杂物清理干净,回填时基坑内不得有
积水,严禁带水覆土;

② 回填土不得使用腐殖土、生活垃圾、淤泥,也不得含草、树
根等杂物,不同种类的土必须分类堆放、分层填筑、不应混杂,优良
土应填在上层;

③ 回填土每层松铺厚度≤30 cm,分层回填夯实;

④ 桥台与路基接合部回填应采用道碴间隔土填筑压实,每层
松铺厚度≤30 cm(10 cm 道碴,20 cm 土),并略向桥外方向倾斜以
利排水,压路机压不到的部位采用人工夯实;

⑤ 排水管道顶面以上的回填土摊铺时应对称,均应人工薄铺
轻夯分层回填夯实;

⑥ 回填土质量控制标准:a. 环刀法检验,每层一组(3 点),压
实度不小于 90%;b. 干密度 γ_d≥14.5 kN/m³。

（6）堤防工程施工维修质量控制要求

① 施工过程由专业监理人员控制施工质量；

② 按照上海市水务局 2014 年颁发的《水利工程施工质量检验与评定标准》(DG/TJ08—90—2014)执行。

A.2　橡胶止水带技术性能要求

A.2.1　材料

具有抗老化性能要求的合成橡胶止水带（满足规范指标"J"）。

A.2.2　规格

（1）中心圆孔型普通止水带，规格：300 mm×8 mm×∅ 24 mm。

（2）中心半圆孔型普通止水带，规格：300 mm×10 mm×R12～20 mm。

A.2.3　橡胶止水带物理力学性能要求

拉伸强度≥10 MPa；

扯断伸长率≥300%；

硬度（邵尔 A)60±5 度；

脆性温度＜－40℃。

A.2.4　止水带施工关键技术要求

（1）变形缝缝口必须上下对齐，呈一垂直线。

（2）止水带离混凝土表面的距离应≥15 cm。

（3）止水带搭接长度应≥10 cm，专用黏结材料搭接。

（4）止水带的中心变形部分安装误差应小于 5 mm。

（5）止水带周围的混凝土施工时，应防止止水带移位、损坏、撕裂或扭曲。止水带水平铺设时,应确保止水带下部的混凝土振捣密实。

A.2.5　质量检查和验收

（1）止水带表面不允许有开裂、缺胶、海绵状等影响使用的缺陷,中心孔偏心不允许超过管状断面厚度的 1/3。止水带表面允许有深度不大于 2 mm,面积不大于 16 mm² 的凹痕、气泡、杂质、明疤等缺陷,每延米不超过 4 处。

（2）止水带应有产品合格证和施工工艺文件。现场抽样检查每批不得少于一次。

（3）应对止水带工种施工人员进行培训。

（4）应对止水带的安装位置、紧固密封情况、接头连接情况、止水带的完好情况进行检查。

A.2.6　钢闸门门上的橡胶止水带物理力学性能要求

参照上述第三条执行。

A.3　密封胶技术要求

A.3.1　材料

单组份聚氨酯嵌缝密封胶。

A.3.2　工作温度

5℃～40℃。

A.3.3　防汛墙变形缝嵌缝胶技术性能要求

| 表干时间 | 约 3 h | 下垂度 | ≤3 mm |
| 固化速率 | 2～6 mm/24 h | 拉伸强度 | 1.0 MPa |

密度	$1.2\pm0.1\ g/cm^3$	断裂伸长率	400%
适应温度	$+45℃\sim-80℃$	邵氏硬度	$25\sim35$

A.3.4　施工关键

当材料选定后,则嵌缝胶粘贴质量保证的关键是被粘物表面处理的质量,为此须注意二方面:

混凝土黏结表面必须为混凝土基材,不能有浮材。

混凝土基材的黏结表面必须无油污和无粉尘。

A.3.5　胶层厚度的确定

嵌缝胶层厚度一般应不小于变形缝宽度的三分之二,例:当变形缝宽度为 30 mm 时,胶层厚度应≥20 mm;当变形缝宽度为 20 mm时,则胶层厚度不小于 15 mm。

A.3.6　施工工艺及程序

(1) 根据设计要求确定所需嵌缝胶灌注厚度。

(2) 用角向磨光机薄片磨盘打磨嵌缝胶黏结表面,磨去一层厚约 2 mm 左右,露出砂石即可。

(3) 变形缝侧壁不灌注聚氨酯胶部分用聚乙烯低发泡泡沫板填塞。

(4) 在无风沙情况下,用高压空气吹去表面尘埃。

(5) 用白色无油回丝蘸丙本酮擦拭黏结表面,直到白色无油回丝擦拭后,仍为白色、无污点时,才合格。

(6) 缝口两边粘贴不干胶带,保护缝口两边混凝土不黏上嵌缝胶,保证缝口齐直,均匀美观。

(7) 把单组份聚氨酯软管头部剪开,置于聚氨酯密封胶专用挤胶枪中,头部套好锥形塑料嘴。

(8) 在干燥、无潮湿状态下,把单组份聚氨酯胶挤出少许,用括刀在黏结表面用力薄薄地来回按压刮胶,使胶能浸润入混凝土黏结表面空隙(或毛细孔中)。

（9）由下而上逐步灌注单组份聚氨酯嵌缝胶。

（10）用湿润铲刀刮平、收光。

（11）撕去缝口两侧保护带。

（12）清理现场。

A.3.7　注意事项

（1）聚乙烯低发泡泡沫板作为填充物其形状和尺寸必须事先根据防汛墙横断面尺寸和嵌缝胶厚度予以确定,然后制作样板,并用电热钢丝锯按样板予以切割,以便到现场后可直接对号放置。其厚度也应事先测量好,以便选择。

（2）灌胶时,必须在无刮风沙的干燥的天气下进行,黏结表面必须干燥,不潮湿,若遇刮风天气,宜采取挡风沙措施,以防黏结表面因粘上尘埃而影响黏结力。

（3）嵌缝胶尚未表干前,不得有人去摸或其他物品接触,以免表面拉毛难看,应吊牌予以警示。

（4）采购单组份聚氨酯时,必须注意所购数量应在其注明的保质期内使用完毕。若使用不完,易失效,造成浪费。

A.4　压密注浆技术要求

A.4.1　处理目的

防渗堵漏,提高地基土的强度和变形模量。

A.4.2　布孔

不少于三排；

孔距:1 m(纵、横向),第一排孔距防汛墙应小于 80 cm 布置。

孔深:不小于 5 m(从地面算起)。

A.4.3　压密注浆顺序

纵向:间隔跳注;

横向:先前、后排,后中间排。

A.4.4　压密注浆方式

自下而上分段注浆法,注浆段为 0.5～1.0 m。

A.4.5　压密注浆技术参数

(1) 注浆材料:42.5 普通硅酸盐水泥;

(2) 浆液配合比:水灰比:0.3～0.6,掺 2％～5％水玻璃或氯化钙,也可掺 10％～20％粉煤灰;

(3) 注浆压力:

① 起始注浆压力:≤0.3 MPa;

② 过程注浆压力:0.3～0.5 MPa;

③ 终止注浆压力:0.5 MPa。

(4) 进浆量:7～10 L/sec。

A.4.6　施工注意事项

(1) 注浆结束应及时拔管,清除机具内的残留浆液,拔管后在土中所留的孔洞应用水泥砂浆封堵。

(2) 浆液沿注浆管壁冒出地面时,宜在地表孔口用水泥、水玻璃(或氯化钙)混合料封闭管壁与地表土孔隙,并间隔一段时间后再进行下一个深度的注浆。

(3) 如注浆从迎水侧结构缝隙冒出,则宜采用增加浆浓度和速凝剂掺量、降低注浆压力、间歇注浆等方法。

(4) 灌浆时一旦发生压力不增而浆液不断增加的情况应立即停止,待查明原因采取措施后才能继续灌浆。

A.4.7　注浆质量检验

（1）注浆结束 10 天后，两次高潮位观察地面不渗水。

（2）28 天后土体 Ps 平均值≥1.2 MPa。

A.5　高压旋喷技术要求

A.5.1　高压旋喷桩直径：∅600 mm，间距 400 mm。

A.5.2　旋喷方式：二重管法。

A.5.3　施工程序：定位→钻孔→插管→旋喷→冲洗→移位。下管时宜边射水边下旋喷注浆管，水压力不宜超过 1 MPa。

A.5.4　浆液材料（参考值）：

（1）水泥：不低于 42.5 普通硅酸盐水泥。

（2）水灰比：1∶1～1.5∶1（浆液在旋喷前一小时内搅拌），也可掺氯化钙 2%～4% 或水玻璃 2%（水泥用量的百分比）。

A.5.5　高压喷射注浆技术参数（参考值）：

（1）空气：压力 0.7 MPa；流量 1～2 m³/min；喷嘴间隙 1～2 mm，喷嘴数量 2 个。

（2）浆液：压力 20 MPa；流量 80～120/min；喷嘴孔径∅2～∅3 mm，喷嘴数量 2 个。

（3）注浆管外径：∅42＜∅＜∅75。

（4）提升速度：约 10 cm/min。

（5）旋喷速度：约 10 r/min。

（6）固结体直径：＞600 mm。

A.5.6　施工要求：

（1）旋喷注浆管进入预定深度后，先应进行试喷。然后根据现场实际效果调整施工参数。

（2）发生故障时，立即停止提升和旋喷，排除故障后复喷，复喷高度不小于 50 cm。

（3）施工时,必须保持高压水泥浆和压缩空气各管路系统不堵、不漏、不串。

（4）拆卸钻杆继续旋喷时,须保持钻杆有 10 cm 以上的搭接长度。成桩中钻杆的旋转和提升必须联系不中断。

（5）施工时,应先喷浆,后旋转和提升。

（6）作好压力、流量和冒浆量的量测和记录工作。

A.5.7 施工完毕应把注浆泵、注浆管及输浆管道冲洗干净,管内不应有残存浆液。

A.5.8 放喷作业前要检查高压设备和管路系统,其压力和流量必须要满足设计要求。注浆管及喷嘴内不得有任何杂物。注浆管接头的密封圈必须良好。

A.5.9 在旋喷过程中,钻孔中正常的冒浆量应不超过注浆量的 20%。超出该值或完全不冒浆时,应查明原因并采取相应措施。

A.5.10 旋喷桩质量检验

旋喷注浆结束 28 天后,旋喷坝体无侧震抗压强度不小于 1.5 MPa,渗透系数小于 1×10^{-6} cm/s。

A.6　水泥土回填技术要求

（1）基坑内建筑弃料、垃圾必须清除干净。

（2）采用的填筑材料严禁混入垃圾。

（3）基坑应在无水状态下,方能进行回填土的施工作业。

（4）水泥土回填技术指标:

① 水泥掺和量 6%～10%(重量比);

② 土料含水量 20%左右(粘性土,不得含有垃圾及腐蚀物);

③ 经充分拌匀后,分层回填夯实。

（5）回填土质量控制标准:$\gamma_{\mp} \geqslant 15$ kN/m³。

A.7 土工织物材料性能技术参数

堤防工程上常用的土工织物为无纺反滤土工织布(通常简称为土工布)。

(1) 选购的土工布应满足以下技术参数

质量:250 g/m²;

厚度:≥2.1 mm;

断裂强度:≥8 kN/m;

断裂伸长率:≥60%;

CBR 顶破强力:≥1.2 kN;

垂直渗透系数:>1×10 cm/s;

等效孔径:≤0.1 mm;

撕破强度力:≥0.2 kN。

(2) 土工布使用注意事项

① 土工布缝合应用双线包缝拼合,缝的抗拉强度不低于布强度的 60%。

② 布块之间应尽量在工厂拼装搭接,若现场施工,应严格控制质量。

③ 注意现场保管,不得长时间暴露在阳光下,不得划破。

④ 铺设时松紧度应均匀,端部锚着牢固,搭接宽度不小于 0.5 m。

附录 B

上海市黄浦江和苏州河堤防设施日常维修养护参考文件目录

(1)《上海市黄浦江防汛墙保护办法》(2010 年 12 月 20 日修正)

(2)《上海市黄浦江和苏州河堤防设施管理规定》(2010 年 12 月 8 日印发)

(3)《上海市黄浦江防汛墙维修养护技术和管理暂行规定》(2003 年 9 月 3 日印发)

(4)《上海市黄浦江防汛墙养护管理达标考核暂行办法》(2003 年 9 月 12 日印发)

(5)《上海市黄浦江防汛墙工程设计技术规定(试行)》(2010 年 6 月 12 日印发)

(6)《关于苏州河防汛墙改造工程结构设计的暂行规定(修订)》(2006 年 7 月 27 日印发)

(7)《上海市跨、穿、沿河构筑物河道管理技术规定(试行)》(2007 年 5 月 10 日印发)

(8)《关于加强黄浦江防汛墙防汛通道管理意见的通知》(2003 年 3 月 6 日印发)

(9)《上海市河道绿化建设导则》(2008 年 12 月 11 日印发)

(10)《上海市黄浦江和苏州河堤防设施日常养护暂行规定(试行)》(2012 年 2 月 8 日印发)

(11)《上海市黄浦江和苏州河堤防设施日常养护考核办法

（试行）》（2012 年 2 月 8 日印发）

（12）《上海市黄浦江和苏州河堤防设施日常巡查管理暂行规定》（2011 年 4 月 7 日印发）

（13）《上海市黄浦江和苏州河堤防设施日常巡查考核办法》（2011 年 9 月 20 日印发）

（14）《上海市黄浦江和苏州河堤防设施日常检查和专项检查暂行规定（试行）》（2012 年 2 月 8 日印发）

（15）《上海市黄浦江和苏州河堤防设施保护（管理）范围内绿化管理暂行规定》（2011 年 4 月 8 日印发）

（16）《上海市黄浦江和苏州河堤防设施保护（管理）范围内绿化考核办法》（2011 年 9 月 20 日印发）

（17）《上海市堤防泵闸抢险技术手册》（2012 年 5 月印发）

（18）《上海市黄浦江和苏州河堤防设施日常巡查工作手册》（2012 年 10 月印发）

附录 C

黄浦江非汛期临时防汛墙防御标准表

（单位：m，上海吴淞零点）

起讫点（浦西）	起讫点（浦东）	非汛期 防御水位	非汛期 构筑物顶标高
吴淞口—钱家浜	吴淞口—草镇	吴淞站 5.14	5.65
钱家浜—虹江口	草镇—高桥化工厂		5.60
虹江口—定海桥	高桥化工厂—庆宁寺		5.50
定海桥—黄浦公园	庆宁寺—浦东公园西		5.45
黄浦公园—复兴东路	浦东公园西—杨家渡口	黄浦公园站 4.82	5.35
复兴东路—日晖港	杨家渡口—上钢三厂		5.25
日晖港—龙华港	上钢三厂—川杨河		5.15
龙华港—张家塘港	川杨河—鳗鲤嘴		5.10
张家塘港—淀浦河	鳗鲤嘴—三林塘		5.00
淀浦河—春申塘	三林塘—区界处		4.95
春申塘—六磊塘	区界处—周浦塘		4.90
六磊塘—俞塘	周浦塘—沈庄塘		4.80
俞塘—闸港	沈庄塘—金汇港		4.75
闸港—樱桃河	金汇港—白庙港	闸港站 4.09	4.60
樱桃河—沪闵路	白庙港—南横泾		4.60
沪闵路—北沙港	南横泾—南沙港		4.45
北沙港—西泾	南沙港—千步泾		4.45